ISBN-13: 978-1981909438

ISBN-10: 1981909435

Automatización Industrial
Ingeniería eléctrica
Tecnología, representación y funciones

Tomo 1

Ing. Miguel D'Addario

Primera edición
Comunidad Europea
2018

Índice Tomo 1

Tema 1
Introducción a los automatismos

La automatización industrial (automatización: del griego antiguo Auto: Guiado por uno mismo) es el uso de sistemas o elementos computarizados y electromecánicos para controlar maquinarias o procesos industriales. Como una disciplina de la ingeniería más amplia que un sistema de control, abarca la instrumentación industrial, que incluye los sensores, los transmisores de campo, los sistemas de control y supervisión, los sistemas de transmisión y recolección de datos y las aplicaciones de software en tiempo real para supervisar y controlar las operaciones de plantas o procesos industriales.

Las primeras máquinas simples sustituían una forma de esfuerzo en otra forma que fueran manejadas por el ser humano, tal como levantar un peso pesado con sistema de poleas o con una palanca. Posteriormente las máquinas fueron capaces de sustituir la energía humana o animal por formas naturales de energía renovable, tales como el viento, las mareas, o un flujo de agua.

Todavía después, algunas formas de automatización fueron controlados por mecanismos de relojería o dispositivos similares utilizando algunas formas de fuentes de poder artificiales -algún resorte, un flujo canalizado de agua o vapor para producir acciones simples y repetitivas, tal como figuras en movimiento, creación de música, o juegos. Dichos dispositivos caracterizaban a figuras humanas, fueron conocidos como autómatas y datan posiblemente desde el año 300 AC.

En 1801, la patente de un telar automático utilizando tarjetas perforadas fue dada a Joseph Marie Jacquard, quien revolucionó la industria del textil.

La parte más visible de la automatización actual puede ser la robótica industrial. Algunas ventajas son repetitividad, control de calidad más estrecho, mayor eficiencia, integración con sistemas empresariales, incremento de productividad, y reducción de trabajo humano. Algunas desventajas son requerimientos de un gran capital, decremento severo en la flexibilidad, y un incremento en la dependencia del mantenimiento y reparación. Por ejemplo, Japón ha tenido necesidad de retirar muchos de sus robots industriales cuando encontraron que eran incapaces de adaptarse a los cambios dramáticos de los requerimientos de producción, no siendo posible justificar sus altos costos iniciales.

La automatización había existido por muchos años en una escala pequeña, y para mediados del siglo XX aún utilizaba mecanismos simples para automatizar tareas sencillas de manufactura. El concepto solamente llegó a ser realmente práctico con la adición (y evolución) de las computadoras digitales, cuya flexibilidad permitió manejar cualquier clase de tarea. Las computadoras digitales con la combinación requerida de velocidad, poder de cómputo, precio y tamaño, como para ser aplicadas en la industria, empezaron a aparecer en la década de los años 1960. Antes de ese tiempo, las computadoras industriales eran exclusivamente computadoras analógicas y computadoras híbridas. Desde entonces las computadoras digitales tomaron el control de la mayoría de las tareas simples, repetitivas, tareas semiespecializadas y especializadas, con algunas excepciones notables en la producción e inspección de alimentos. Como un famoso dicho anónimo dice, "para muchas y muy cambiantes tareas, es difícil remplazar al ser humano, quienes son fácilmente vueltos a entrenar dentro de un amplio rango de tareas, más aún, son producidos a bajo costo por personal sin entrenamiento".

Existen muchos trabajos donde no existe riesgo inmediato de la automatización. Ningún dispositivo que haya sido inventado puede competir contra el ojo humano para la precisión y certeza en muchas tareas; tampoco el oído humano. Cualquier persona puede identificar y distinguir mayor cantidad de esencias que cualquier dispositivo automático. Las habilidades para el patrón de reconocimiento humano, reconocimiento de lenguaje y producción de lenguaje se encuentran más allá de cualquier expectativa de los ingenieros de automatización.

Tecnologías que componen la automatización industrial:

- Electricidad industrial.
- Neumática industrial.
- Oleohidráulica industrial.
- Autómatas programables.
- Comunicaciones industriales.
- Robótica industrial.

Existe un concepto fundamental y muy actual en torno a la automatización industrial y es el de DCS (sistemas de control distribuido). Un sistema de control distribuido está formado por varios niveles de automatización que van desde un mínimo de 3 hasta 5. Los mismos se denominan: nivel de campo (donde se encuentran los sensores y actuadores), nivel de control (donde se encuentran los PLCs o las Estaciones de Automatización), nivel de supervisión (donde se encuentran las Estaciones de Operación y los Servidores de Proceso), nivel MES (donde se encuentran PCs con softwares especializados para la distribución de toda la información de planta así como la generación de reportes)y el nivel ERP (donde se encuentran igualmente PCs con softwares especializados para la planificación y administración de la producción de toda la industria o empresa).

Se utilizan computadoras especializadas y tarjetas de entradas y salidas tanto analógicas como digitales para leer entradas de campo a través de sensores y para generar, a través de su programa, salidas hacia el campo a través de actuadores. Esto conduce para controlar acciones precisas que permitan un control estrecho de cualquier proceso industrial. (Se temía que estos dispositivos fueran vulnerables al error del año 2000, con consecuencias catastróficas, ya que son tan comunes dentro del mundo de la industria).

Las interfaces hombre-máquina (HMI) o interfaces hombre-computadora (CHI) suelen emplearse para comunicarse con los PLCs y con otras computadoras, para labores tales como introducir y monitorear temperaturas o presiones para controles automáticos o respuesta a mensajes de alarma. El personal de servicio que monitorea y controla estas interfaces son conocidos como ingenieros de estación y el personal que opera directamente en la HMI o SCADA (Sistema de Control y Adquisición de Datos) es conocido como personal de operación.

Otra forma de automatización que involucra computadoras es la prueba de automatización, donde las computadoras controlan un equipo de prueba automático que es programado para simular seres humanos que prueban manualmente una aplicación. Esto es acompañado por lo general de herramientas automáticas para generar instrucciones especiales (escritas como programas de computadora) que direccionan al equipo automático en prueba en la dirección exacta para terminar las pruebas.

Un estudio realizado por dos profesores de la Universidad de Ball State reveló que entre 2000 y 2010, alrededor del 87% de las pérdidas de empleos en la industria manufacturera norte-americana provenían de la eficiencia de las fábricas provenientes de la automatización y una mejor tecnología. Solamente 13% de las pérdidas de puestos de trabajo se debieron al comercio, de acuerdo con CNN Rise of the machines: Fear robots, not China or México.

Con la aceleración de la adopción de la tecnología de inteligencia artificial se espera que más personas sean desplazadas por la automatización en el futuro próximo el cual ha generado una discusión intensa de política pública en 2017. Bill Gates, el fundador de Microsoft, ha defendido la idea de que los robots deben pagar impuestos para compensar por el desempleo tecnológico. Por otro lado, Lawrence Summers, economista americano, contestó a Bill Gates diciendo que cobrar impuestos de una actividad que genera riqueza no sería lógico, y lo que habría que hacer para enfrentar la pérdida de empleos, es invertir recursos en educación y re-entrenamiento.

La Ingeniería en Automatización y Control Industrial es una rama de la ingeniería que aplica la integración de tecnologías de vanguardia que son utilizadas en el campo de la automatización y el control automático industrial las cuales son complementadas con disciplinas paralelas al área tales como los sistemas de control y supervisión de datos, la instrumentación industrial, el control de procesos y las redes de comunicación industrial.

Dentro de las metas que enmarcan esta disciplina se destacan:

Generar proyectos de procesos en los cuales se maximicen los estándares de productividad y se preserve la integridad de las personas quienes los operan.

La capacidad de procurar la manutención y optimización de los procesos que utilicen tecnologías de automatización.

Utilizar criterios de programación para crear y optimizar procesos automatizados.

Los estudios aplicados en esta carrera son un compendio de conocimientos de ingeniería, ya que se fundamenta en una sólida formación en Matemáticas, Física, Química, Neumática e Hidráulica, Mecánica, Robótica, Electricidad y Electrónica las cuales brindan posteriormente una base para adquirir conocimientos sobre sistemas de control, instrumentación, control de procesos, sistemas digitales y programación entre otras áreas ligadas al control automático.

Posteriormente se analizan mediante Controladores Lógicos Programables (PLC), conjunto con Actuadores, Contactores, Relés, Válvulas de Control y entre otros instrumentos las diferentes técnicas de control industrial que existen hoy en día para lograr una optimización en los futuros procesos industriales.

La Ingeniería en Automatización y Control Industrial es una carrera que cada día se ve con mayor demanda en el ámbito industrial debido a que cada día los procesos de producción que tienen las empresas están en una constante carrera contra el tiempo debido a que los retardos en los procesos de producción en algunas empresas pueden incluso generar grandes pérdidas de carácter monetario.

Entre las áreas donde se desarrolla esta disciplina se destacan sectores industriales en rubros como la Minería, Celulosa, Metalmecánica, Automotriz, Textil, Alimentos, Integración Ingenieril entre otras que requieran de una optimización en su sistema de producción.

Automatización industrial

Definición de automatización

La Real Academia de Ciencias Exactas Físicas y Naturales define la Automática como el estudio de los métodos y procedimientos cuya finalidad es la sustitución del operador humano por un operador artificial en la generación de una tarea física o mental previamente programada.

Partiendo de esta definición y ciñéndonos al ámbito industrial, puede definirse la Automatización como " El estudio y aplicación de la Automática al control de los procesos industriales "

Introducción

La automatización de un proceso industrial (máquina, conjunto o equipo industrial) consiste en la incorporación al mismo, de un conjunto de elementos y dispositivos tecnológicos que aseguren su control y buen comportamiento. Dicho automatismo, en general, ha de ser capaz de reaccionar frente a las situaciones previstas de antemano y, por el contrario, frente a imponderables, tener como objetivo situar al proceso y a los recursos humanos que lo asisten en una situación más favorable.

Históricamente, los objetivos de la automatización han sido el procurar la reducción de costes de fabricación, la calidad constante en los medios de producción, y liberar al ser humano de las tareas tediosas, peligrosas o insalubres.

Sin embargo, desde los años 60, debido a la alta competitividad empresarial y a la internacionalización creciente de los mercados, estos objetivos han sido ampliamente incrementados.

Téngase en cuenta que, como resultado de dicha competencia, cualquier empresa actualmente se ve sometida a grandes y rápidos procesos de cambio en búsqueda de su adecuación a las demandas del mercado, neutralización de los avances de su competencia, o, simplemente como maniobra de cambio de estrategia al verse acortado el ciclo de vida de alguno de sus productos.

Esto obliga a mantener medios de producción adecuados que posean una gran flexibilidad y puedan modificar oportunamente la estrategia de producción.

La aparición de la microelectrónica y el computador, ha tenido como consecuencia el que sea posible lograr mayores niveles de integración entre el Sistema Productivo y los centros de decisión y política empresarial, permitiendo que la producción pueda ser contemplada como un flujo de material a través del Sistema Productivo y que interacciona con todas las áreas de la empresa.

Este concepto es la base de la Automatización Integrada - CIM - (Computer Integrated Manufacturing), que tiene como objetivos:

* Reducir los niveles de stock y aumentar su rotación.

* Disminuir los costes directos.

* Control de los niveles de stock en tiempo real.

* Reducir los costes de material.

* Aumentar la disponibilidad de las máquinas mediante la reducción de los tiempos de preparación y puesta a punto.

* Incrementar la productividad.

* Mejorar el control de calidad.

* Permitir la rápida introducción de nuevos productos.

* Mejorar el nivel de servicio.

En este contexto, lo que se pretende, es que las denominadas islas de automatización, tales como

PLC's, máquinas de control numérico, robots etc. se integren en un sistema de control jerarquizado que permita la conversión de decisiones de política empresarial en operaciones de control de bajo nivel.

El proceso técnico

Según la norma DIN 66201, un proceso es un procedimiento para la conversión y/o transporte de material, energía y/o informaciones.

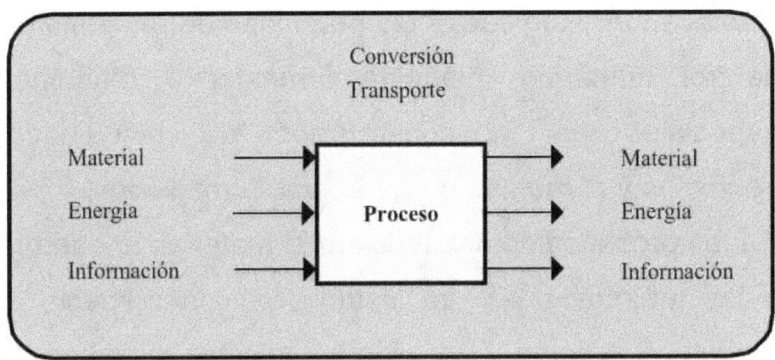

El punto principal de la automatización se encuentra en el sector de la producción. De acuerdo con su funcionamiento puede distinguirse, de forma general, entre cuatro clases de procesos:

* Procesos de transformación
* Procesos de fabricación
* Procesos de distribución
* Procesos de medición y de verificación

En los procesos de transformación se producen materiales o energía partiendo de materias primas; tienen lugar transformaciones físicas o químicas. Los campos de aplicación son la industria química (p.ej. producción de fibras sintéticas), la industria siderúrgica (p.ej. producción de acero), fábricas de cemento, centrales eléctricas etc.

En los procesos de fabricación se modifica la forma del material por medio de elaboración mecánica. Destacan en este sector las máquinas-herramienta de control numérico, máquinas transfer y máquinas especiales en la construcción de maquinaria, vehículos y máquinas para trabajar la madera.

En los procesos de distribución, el material, la energía o las informaciones, se distribuyen con respecto al espacio o al tiempo. Por ejemplo, existen sistemas de almacenamiento que clasifican, agrupan y entregan el material almacenado de forma totalmente automática. En redes de energía y en centrales telefónicas automáticas se controlan distribuidores de energía.

En los procesos de medición y de verificación se analizan las propiedades mecánicas, físicas y químicas de los objetos. Estos procesos son típicos en los bancos de pruebas (p.ej. bancos de pruebas de motores), en la técnica de los análisis y en ensayos de comprobación para la aviación y la navegación espacial (p.ej. simuladores de vuelo).

Un aspecto muy interesante, es clasificar los procesos industriales, en función de su evolución con el tiempo.

Se pueden clasificar en:

* Continuos

* Discontinuos o por lotes

* Discretos

Tradicionalmente, el concepto de automatización industrial se ha ligado al estudio y aplicación de los sistemas de control empleados en los procesos discontinuos y los procesos discretos, dejando los procesos continuos a disciplinas tales como: regulación o servomecanismos.

Procesos continuos

Un proceso continuo se caracteriza porque las materias primas están constantemente entrando por un extremo del sistema, mientras que en el otro extremo se obtiene de forma continua un producto terminado.

Un ejemplo típico de proceso continuo puede ser un sistema de calefacción para mantener una temperatura constante en una determinada instalación industrial. La materia prima de entrada es la temperatura que se quiere alcanzar en la instalación; la salida será la temperatura que realmente existe.

El sistema de control, teniendo en cuenta la temperatura de consigna y las informaciones recibidas del proceso, ha de ejecutar las oportunas acciones para que la temperatura de la instalación controlada se mantenga en el punto más cercano a la de referencia.

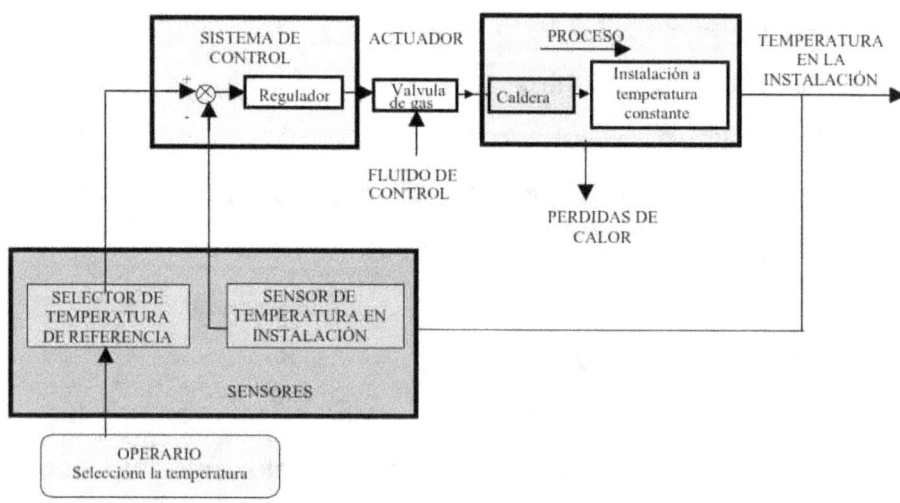

A la vista de la instalación se comprueban dos características propias de los sistemas continuos:

* El proceso se realiza durante un tiempo relativamente largo.

* Las variables empleadas en el proceso y sistema de control son de tipo analógico.

Dentro de unos límites determinados, las variables pueden tomar infinitos valores.

Procesos discretos

El producto de salida se obtiene a través de una serie de operaciones, muchas de ellas con gran similitud entre sí. La materia prima sobre la que se trabaja es habitualmente un elemento discreto que se trabaja de forma individual.

Un ejemplo de proceso discreto es la fabricación de una pieza metálica rectangular con dos taladros. El proceso para obtener la pieza terminada puede descomponerse en una serie de estados que han de realizarse secuencialmente, de forma que para realizar un estado determinado es necesario que se hayan realizado correctamente los anteriores.

Para el ejemplo propuesto estos estados son:

* Corte de la pieza rectangular con unas dimensiones determinadas, a partir de una barra que alimenta la sierra.

* Transporte de la pieza rectangular a la base del taladro.

* Realizar el taladro A

* Realizar el taladro B

* Evacuar la pieza

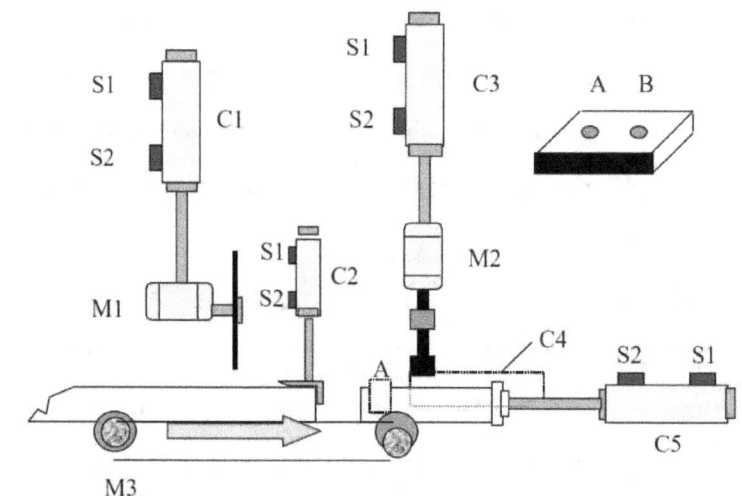

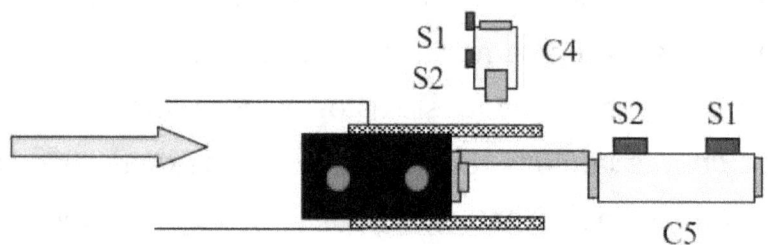

Cada uno de estos estados supone a su vez una serie de activaciones y desactivaciones de los actuadores (motores y cilindros neumáticos), que se producirán en función de:

* Los sensores de posición (colocados sobre la cámara de los cilindros), y contactos auxiliares situados en los contactores que activan los motores eléctricos.

* Variable que indica que se ha realizado el estado anterior.

Procesos discontinuos o por lotes

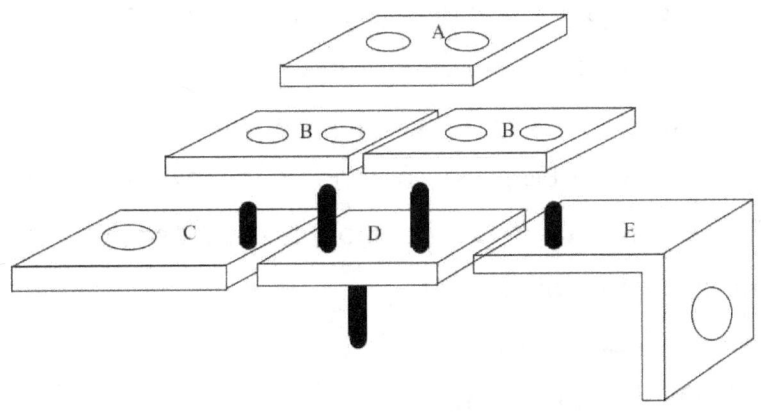

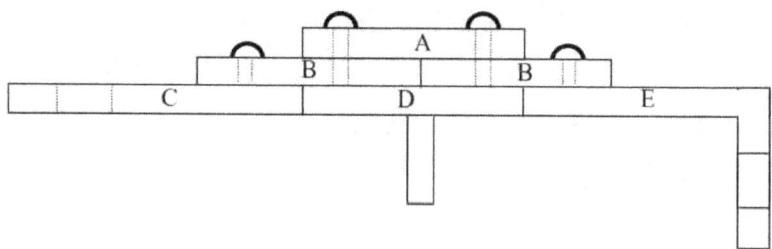

Se reciben a la entrada del proceso las cantidades de las diferentes piezas discretas que se necesitan para realizar el proceso. Sobre este conjunto se realizan las operaciones necesarias para producir un producto acabado o un producto intermedio listo para un procesamiento posterior.

Por ejemplo, se trata de formar una pieza de una máquina partiendo de las piezas representadas en la figura, que se han obtenido a partir de una serie de procesos discretos. Las piezas se ensamblarán como se indica en la figura; una vez colocadas se remacharán los cilindros superiores de las piezas C, D y E de forma que pueda obtenerse la pieza terminada.

El proceso puede descomponerse en estados, que, por ejemplo, podrían ser:

* Posicionar piezas C, D y E

* Posicionar piezas B

* Posicionar pieza A

* Remachar los cilindros superiores de C, D y E

Estos estados se realizarán de forma secuencial, y para activar los dispositivos encargados de posicionar las diferentes piezas, serán necesarias:

* Señales de sensores

* Variables de estados anteriores

Formas de realizar el control sobre un proceso

Existen dos formas básicas de realizar el control de un proceso industrial.

Control en lazo abierto (bucle abierto)

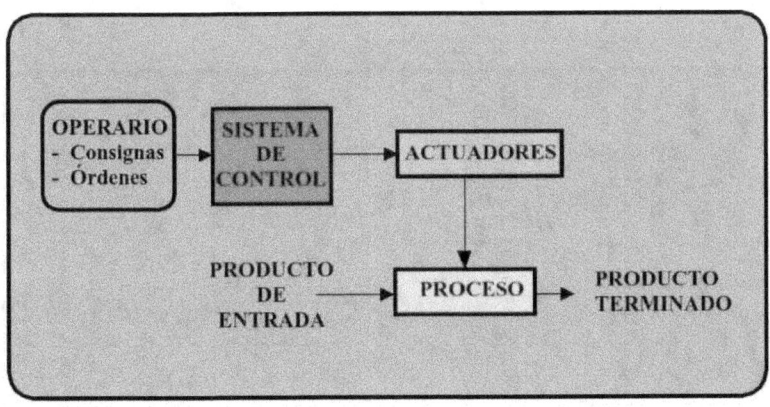

El control en lazo abierto se caracteriza porque la información o variables que controlan el proceso circulan en una sola dirección, desde el sistema de control al proceso.

El sistema de control no recibe la confirmación de que las acciones que a través de los actuadores se han de realizar sobre el proceso, se hayan ejecutado correctamente.

Control en lazo cerrado (bucle cerrado)

El control en lazo cerrado se caracteriza porque existe una realimentación de los sensores desde el proceso hacia el sistema de control, que permite a este último conocer si las acciones ordenadas a los actuadores se han realizado correctamente sobre el proceso.

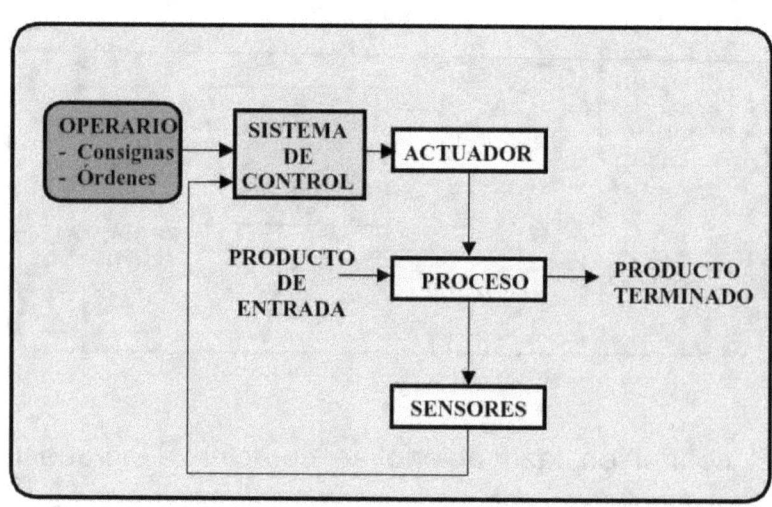

La mayoría de procesos existentes en la industria utilizan el control en lazo cerrado, bien, porque el producto que se pretende obtener o la variable que se controla necesita un control continuo en función de unos determinados parámetros de entrada, o bien, porque el proceso a controlar se subdivide en una serie de acciones elementales de tal forma que, para realizar una determinada acción sobre el proceso, es necesario que previamente se hayan realizado otra serie de acciones elementales.

Opciones tecnológicas

El desarrollo de los automatismos, su complejidad y eficacia, ha ido parejo al desarrollo experimentado a lo largo de los tiempos.

Básicamente se puede establecer la clasificación mostrada en el cuadro siguiente, partiendo de dos conceptos principales:

- Lógica cableada.
- Lógica programada.

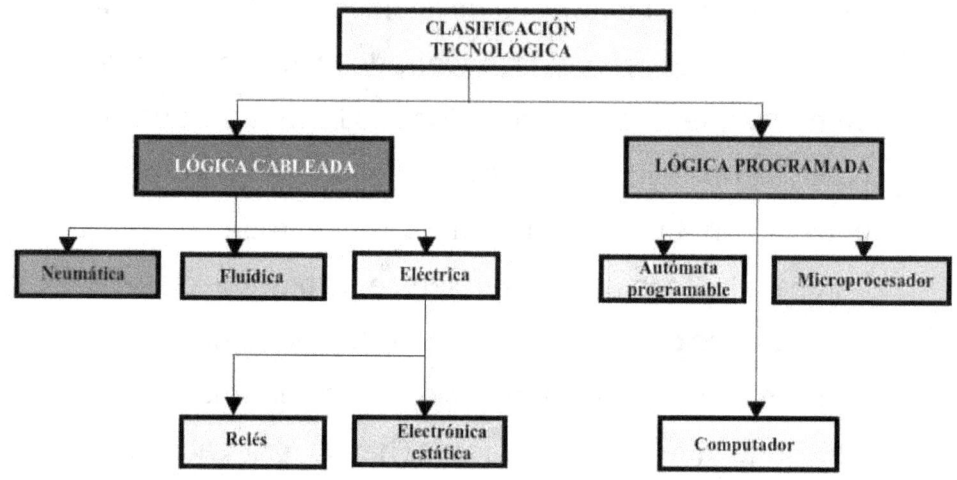

Lógica cableada

Su denominación viene dada por el tipo de elementos que intervienen en su implementación, en la cual las uniones físicas se realizan mediante cables eléctricos, pero también relés electromagnéticos, interruptores, pulsadores etc., en el caso de la tecnología eléctrica. En lo referente a la tecnología electrónica, las puertas lógicas son los elementos fundamentales mediante los cuales se realizan los automatismos.

En el caso de la tecnología fluídica, sus conexiones vienen siendo efectuadas por tuberías de acero, cobre, PVC etc. junto con elementos tales como válvulas, presostatos, manorreductores etc.

La tecnología cableada, ha sido y es aún utilizada en los automatismos industriales, aunque va quedando relegada a los accionamientos de cierta potencia, ya que frente a la lógica programada presenta los siguientes inconvenientes:

* Imposibilidad de realización de funciones complejas de control.

* Gran voluminosidad y peso.

* Escasa flexibilidad frente a modificaciones.

* Reparaciones costosas.

Lógica programada

Se trata de una tecnología desarrollada a partir de la aparición del microprocesador, y de los sistemas programables basados en éste: Computador, controladores lógicos y autómatas programables.

Constantemente, debido a los altos niveles de integración alcanzados en la microelectrónica, el umbral de rentabilidad de esta tecnología decrece y frente a la lógica cableada presenta:

* Gran flexibilidad.

* Posibilidad de cálculo científico e implementación de tareas complejas de control.

de procesos, comunicaciones y gestión.

Como inconvenientes a corto y medio plazo, presenta la necesidad de formación en las empresas de personal adecuado para su programación y asistencia, al tratarse de verdaderas herramientas informáticas; también, su relativa vulnerabilidad frente a las agresivas condiciones del medio industrial.

Organigramas para desarrollar el control de un proceso

Organigrama para el desarrollo de un proceso con lógica cableada

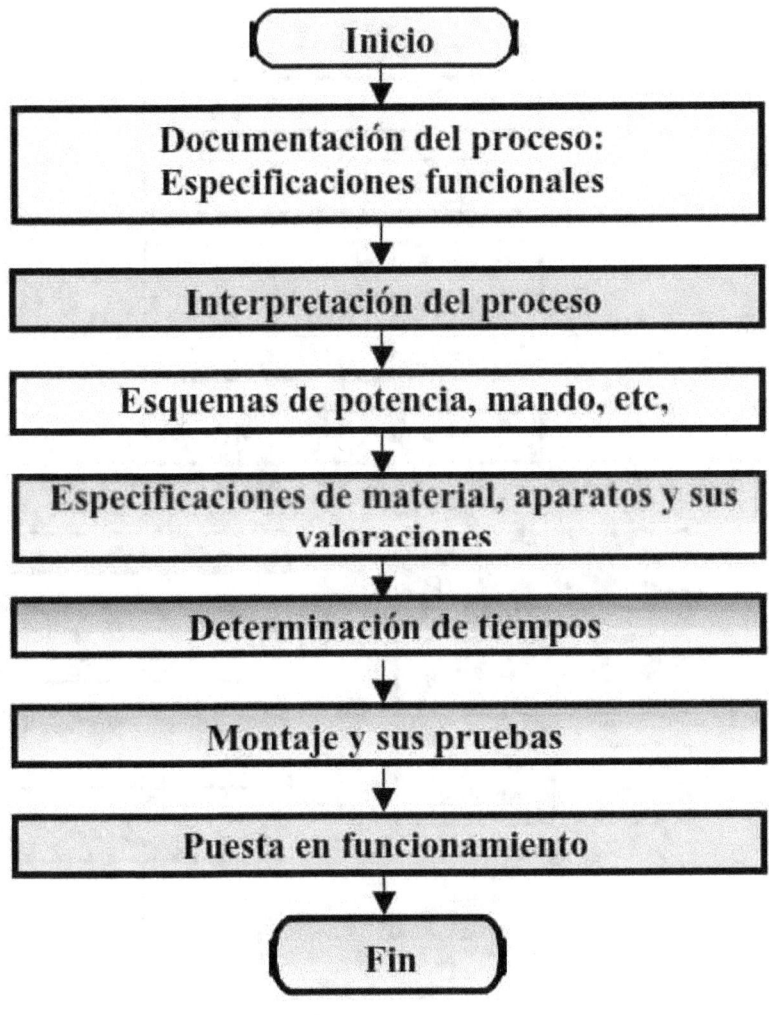

Organigrama para el desarrollo de un proceso con autómata programable

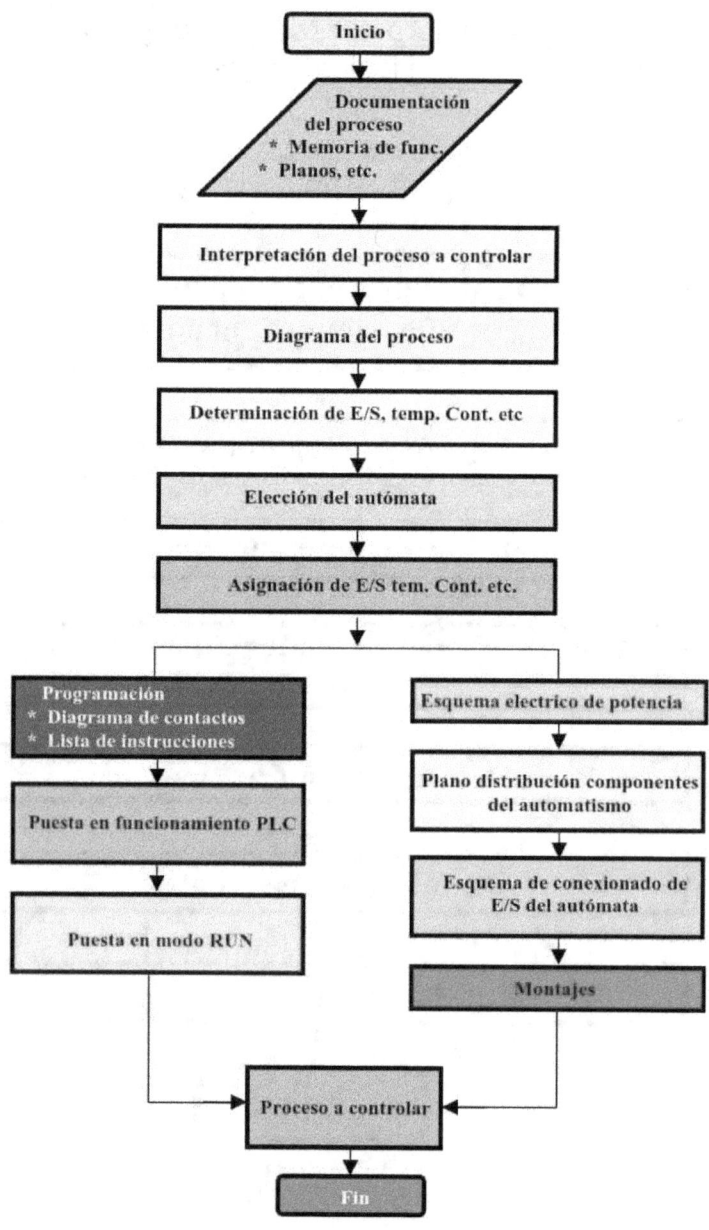

Fases de estudio en la elaboración de un automatismo

Para el desarrollo y elaboración correcta de un automatismo por el técnico o equipo encargado de ello, es necesario conocer previamente los siguientes datos:

a) Las especificaciones técnicas del proceso y su correcta interpretación.

b) La parte económica asignada para no caer en el error de elaborar una buena opción desde el punto de vista técnico, pero inviable económicamente.

c) Los materiales, aparatos, etc. existentes en el mercado que se van a utilizar para diseñar el automatismo.

En este apartado es importante conocer también:
* Calidad de la información técnica de los equipos.
* Disponibilidad y rapidez en cuanto a recambios y asistencia técnica.

Organigrama general para el estudio y elaboración de automatismos

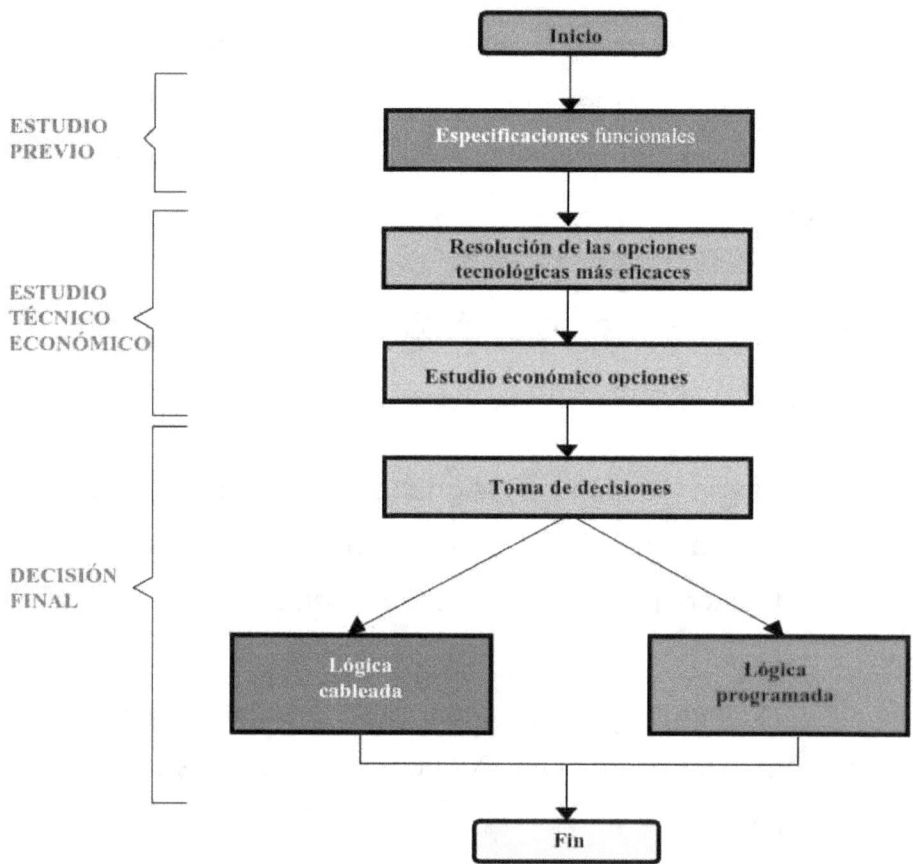

a) Estudio previo

Es importante antes de acometer cualquier estudio medianamente serio de un automatismo, el conocer con el mayor detalle posible las características, el funcionamiento, las distintas funciones etc. de la máquina o proceso a automatizar. Esto lo obtenemos de las especificaciones funcionales; base mínima a partir de la cual podremos iniciar el siguiente paso, es decir, estudiar cuales son los elementos más idóneos para la construcción del automatismo.

b) Estudio técnico-económico

Es la parte técnica de especificaciones del automatismo: relación de materiales, aparatos, su adaptación al sistema y al entorno en el que se haya inscrito, etc. También aquí se ha de valorar la parte operativa del comportamiento del automatismo en todos sus aspectos, como mantenimiento, fiabilidad, etc. Es obvio que la valoración económica, que será función directa de las prestaciones del mismo, ha de quedar incluida en esta parte del estudio.

c) Decisión final

En el apartado anterior se han debido estudiar las dos posibilidades u opciones tecnológicas posibles: lógica cableada y lógica programada. Con esta información y previa elaboración de los parámetros que se consideren necesarios tener en cuenta, se procede al análisis del problema.

Los parámetros que se deben valorar para una decisión correcta pueden ser muchos y variados, algunos de los cuales serán específicos del problema concreto que se va a resolver, pero otros serán comunes, tales como los siguientes:

* Ventajas e inconvenientes que se le asignan a cada opción en relación a su fiabilidad, vida media y mantenimiento.

* Posibilidades de ampliación y de aprovechamiento de lo existente en cada caso.

* Posibilidades económicas y rentabilidad de la inversión realizada en cada opción.

* Ahorro desde el punto de vista de necesidades para su manejo y mantenimiento.

Una vez realizado este análisis solo queda adoptar la solución final elegida.

Análisis de los automatismos

El método de análisis de los automatismos se establece a partir de la naturaleza de las variables que intervienen en éstos. En los sistemas de automática secuencial, las variables toman en todo momento un número finito de valores manteniendo dos estados claramente diferenciados, por lo que su naturaleza es discreta y binaria. Por ello, para establecer las relaciones funcionales entre las variables intervinientes se toma el Álgebra de Boole, como ente matemático capaz de definir las leyes que relacionan un conjunto de variables discretas binarias.

En general, un controlador lógico programable ejecuta unas acciones de control en base a una función lógica, que resulta de la observación y posterior tratamiento de una serie de variables.

Con frecuencia los controladores lógicos son sistemas que requieren la memorización de variables de entrada en forma de estado interno, de manera que se puedan tomar decisiones lógicas en un instante determinado, en función de secuencias de los valores de las variables de entrada en el pasado. Por ello disponemos de una serie de variables provenientes de consignas de mando, lecturas efectuadas por los captadores o bien, variables de estado. Dichas funciones lógicas pueden ser representadas por un conjunto de ecuaciones booleanas de la forma:

$$ST = f1\,(\,ET \cdot QT\,)$$

$$Q\,(\,T + \Delta T\,) = f2\,(\,ET \cdot QT\,)$$

Siendo: ET el conjunto de variables de entrada al circuito en el instante T   ST el conjunto de salidas QT el conjunto de variables internas.

Donde la primera ecuación ST representa las salidas del circuito como combinación de las variables de entrada e internas y Q (T + ΔT) representa la actualización del estado interno.

Lógica combinacional

Si ocurre la no existencia de variables de estado, el análisis del automatismo puede ser tratado según la lógica de circuitos combinacionales, por lo cual el conjunto de ecuaciones booleanas anteriores queda reducido a la ecuación:

$$ST = f\,(\,ET\,)$$

Por tanto, la salida de un automatismo de lógica combinacional, depende única y exclusivamente de la combinación de las variables de entrada (ET).

Lógica secuencial

Si la salida del automatismo en un instante determinado, depende de la secuencia de valores de las variables de entrada en instantes anteriores, es decir, existen variables de estado, entonces estamos en el caso general descrito por las dos ecuaciones lógicas enunciadas anteriormente. En este caso, el sistema deberá ser analizado según la lógica secuencial. Se comprueba que los procesos discretos y continuos, tienen una gran similitud entre sí. Ambos procesos podrán controlarse mediante el mismo tipo de sistema de control; es decir, mediante un controlador secuencial.

Se pueden indicar algunas de las características propias de los procesos que se controlan de forma secuencial:

* El proceso puede descomponerse en una serie de estados que se activarán de forma secuencial (variables internas).

* Cada uno de los estados, cuando está activo realiza una serie de acciones sobre los actuadores (variables de salida).

* Las señales procedentes de los captadores (variables de entrada) controlan la transición entre estados.

* Las variables empleadas en el proceso y sistema de control (entrada, salida e internas), son múltiples y generalmente de tipo discreto, solo toman 2 valores, activado y desactivado.

En función de cómo se realice la transición entre estados, los controladores secuenciales pueden ser de dos tipos:

  * Asíncronos

  * Síncronos

Los circuitos secuenciales asíncronos son aquellos en los que las variables de entrada actúan sobre el estado interno del sistema en el mismo instante en que pasan a un determinado estado, o cambian de estado. Para sistemas de control de relativa sencillez estos circuitos pueden ser adecuados, no así cuando existan problemas de fenómenos aleatorios, difícilmente controlables cuando cambia de estado más de una variable de entrada o de estado interno simultáneamente.

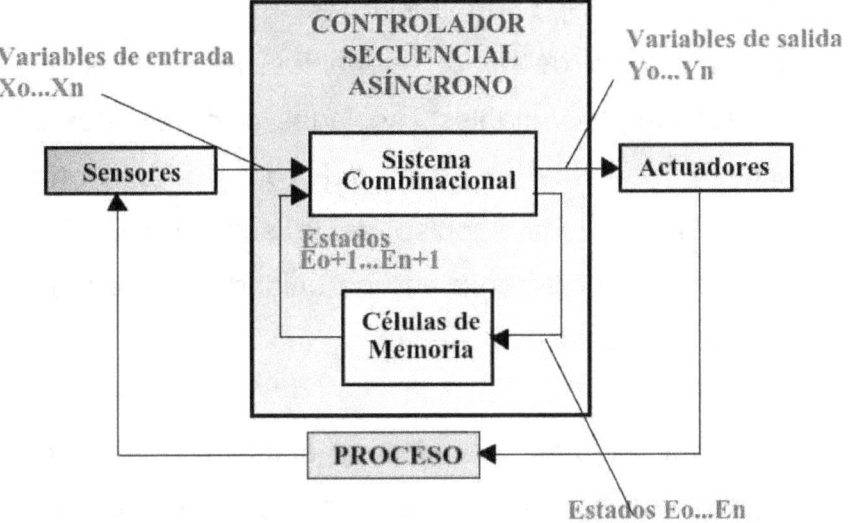

En los controladores síncronos la transición a un estado determinado se produce en función de las variables de entrada y de la variable asociada al estado anterior.

Las variables de entrada y la variable interna están sincronizadas mediante una señal de reloj de frecuencia fija, de forma que la transición entre estados solo se produce para un flanco de la señal de reloj.

Las células de memoria que almacenan las variables de entrada se activan todas, de forma conjunta con la señal de reloj, permitiendo el paso al circuito combinacional de las Xn variables; las células que almacenan las variables asociadas a los estados se activan mediante la señal del contador de forma individual; a cada impulso de la señal de reloj, el contador se incrementa en una unidad permitiendo el acceso a una sola célula.

Los controladores síncronos y asíncronos descritos podrían construirse empleando lógica cableada y elementos discretos de tecnologías como electrónica, electricidad o neumática.

El único requisito que tendría que cumplir el controlador sería que el tiempo que necesita el circuito combinacional para tomar decisiones (ciclo de trabajo), en función de las variables de entrada y estados anteriores, tendría que ser mucho menor que el tiempo de evolución del proceso.

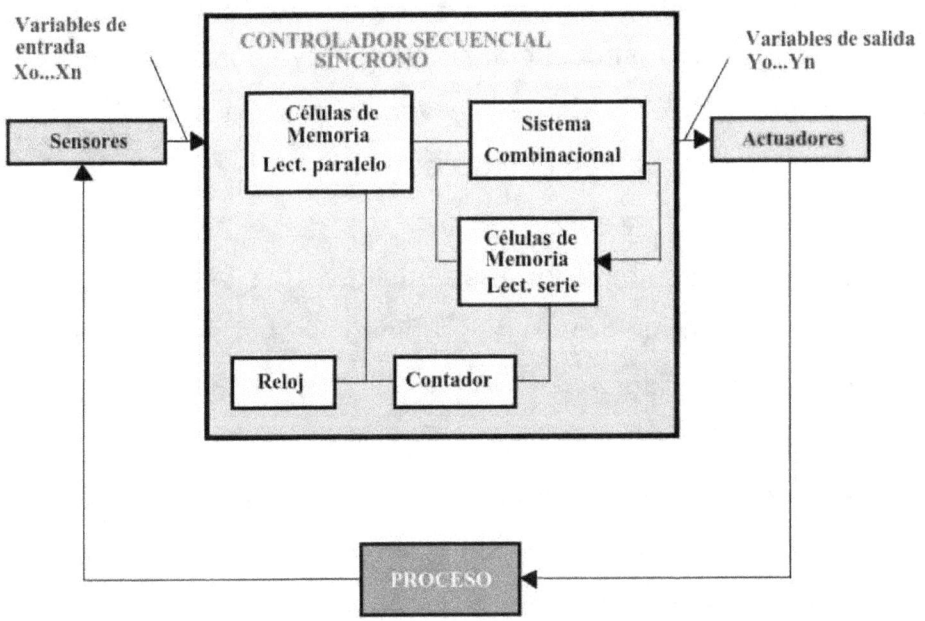

Al emplear lógica cableada, la configuración del circuito combinacional y las operaciones lógicas que ha de realizar, dependen de la cantidad de variables necesarias para controlar el proceso (variables de entrada y salida) y del número de estados en que se ha desglosado (variables internas). Una modificación del proceso que suponga una modificación del n° de variables anteriores o en su orden de actuación, significa diseñar de nuevo el controlador secuencial.

Basándose en el microprocesador puede construirse un controlador secuencial síncrono cuya configuración es independiente del Nº de variables y del orden en que éstas actúan en el proceso.

El circuito combinacional se sustituye por la memoria del programa y la unidad operativa del microprocesador.

La memoria del programa de usuario almacena las operaciones lógicas y con qué variables se han de realizar; la unidad operativa se encarga de realizarlo:

El contador de programa del microprocesador accederá secuencialmente a las posiciones de memoria de programa de usuario.

Tema 2
Representación de los automatismos

Toda función lógica puede ser representada gráfica y simbólicamente, dependiendo de la tecnología utilizada en su implementación. Dejando para un tema posterior la representación simbólica nemotécnica propia de la lógica programable, la representación gráfica de la lógica cableada puede ser bien a través de los diagramas de contactos, si lo que se utiliza es tecnología eléctrica, o bien la representación puede ser a través de diagramas de funciones lógicas, si lo que se utiliza es la tecnología electrónica de puertas lógicas.

Lógica de contactos

Se trata de la representación gráfica de esquemas de automatismos eléctricos, en los cuales, el elemento fundamental es el interruptor electromagnético denominado relé, junto con pulsadores, interruptores y contactores. Este método de representación ha tenido profusa difusión entre los automaticistas eléctricos en la época inmediata anterior, donde los dispositivos automáticos han estado basados en armarios de relés. Este tipo de representación gráfica se sigue manteniendo ampliamente por los fabricantes de dispositivos basados en lógica programable, procurando de esta manera salvar el inconveniente de tener que formar a personal no expresamente informático en lenguajes evolucionados de alto nivel. Por ello pasamos a mostrar los elementos fundamentales de la lógica de contactos y la representación mediante el siguiente cuadro:

FUNCIÓN	Y	O	Complemento
Nemónicos	AND	OR	
Representación Booleana	·	+	X
Norma CEI			
Norma Francesa	&	≥	
Norma NEMA			
DIN 40713 16			

Elementos de entrada

Los elementos de entrada pueden ser pulsadores, interruptores, captadores tales como finales de carrera, detectores de proximidad, etc. Son los dispositivos físicos mediante los cuales el automatismo realiza la observación de las variables de entrada. Por tanto, se debe asociar a dichos elementos las variables de entrada de cuya combinación resultará una función lógica que activará o no la salida correspondiente.

Las variables de entrada pueden ser clasificadas como:

 * Variables de entrada directa

 * Variables de entrada inversa

La variable de entrada directa, da un "1" lógico cuando es activada. La variable de entrada inversa, da un "0" lógico cuando es activada. Se representará pues como una variable negada. Según donde se realice la observación del automatismo, las variables de entrada, pueden clasificarse como:

 * Variable de entrada pura

 * Variable de salida realimentada

La variable de entrada pura, proviene de acciones de mando del operador, o bien de la lectura de los elementos de entrada.

La variable de salida realimentada, proviene de la realimentación de una variable de salida y posterior consideración como variable de entrada.

Esto puede tener lugar en automatismos que deban ser tratados según la lógica secuencial síncrona o asíncrona.

	Norma DIN	Norma NEMA	Norma CEI
Variable de entrada directa (normalmente abierta)	X_o	X_o	X_o
Variable de entrada inversa (normalmente cerrada)	$\overline{X_o}$	$\overline{X_o}$	$\overline{X_o}$
Variable de salida	Y_o	Y_o	Y_o

Elementos de salida

Los elementos de salida deberán ser asociados a las variables de salida de las funciones lógicas.

Casi siempre vendrán implementadas físicamente por el circuito de mando de un relé o de un contactor.

Asociación de elementos

Los diversos elementos bien sean normalmente abiertos o normalmente cerrados, pueden conectarse de forma asociada formando diversas funciones lógicas

Función lógica O

Se trata de la conexión en paralelo de diversos elementos de entrada.

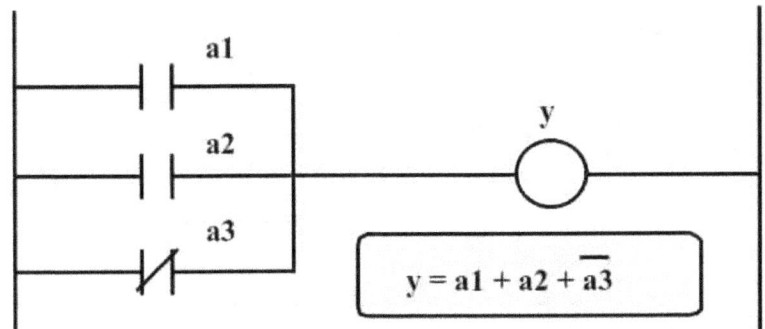

$$y = a1 + a2 + \overline{a3}$$

Función lógica Y

Se trata de la conexión en serie de diversos elementos de entrada.

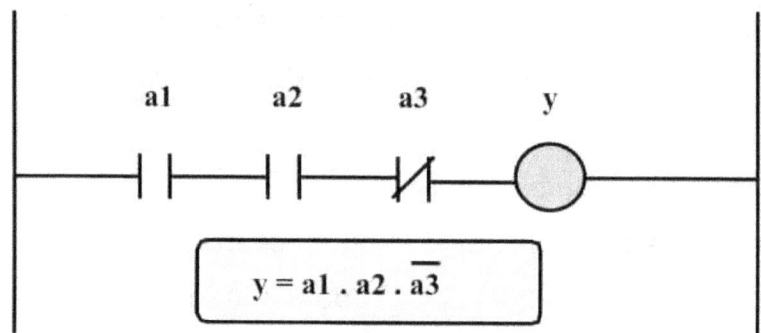

$$y = a1 \cdot a2 \cdot \overline{a3}$$

Función O lógica de funciones Y

Corresponde a la conexión en paralelo de dos o más ramas en serie.

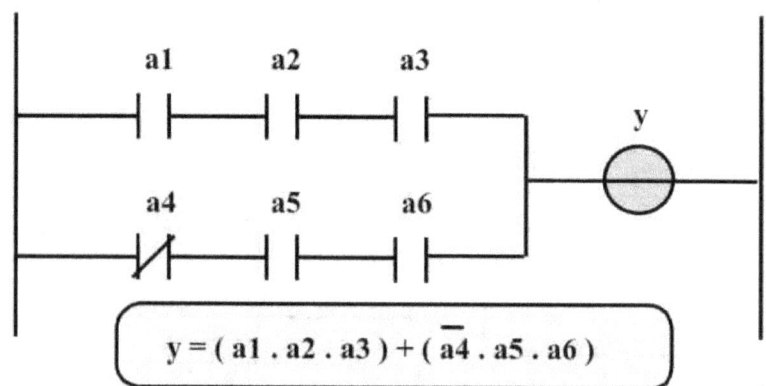

$$y = (\,a1 \cdot a2 \cdot a3\,) + (\,\overline{a4} \cdot a5 \cdot a6\,)$$

Función Y lógica de funciones O

Corresponde a la conexión en serie de conjuntos de dos o más ramas en paralelo.

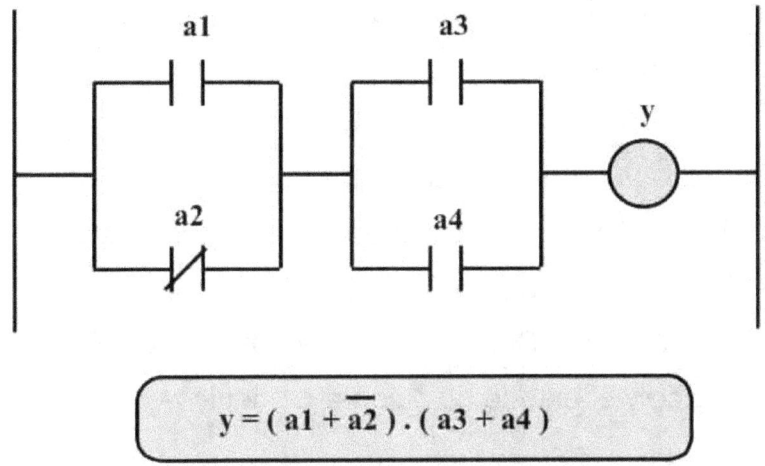

$$y = (\, a1 + \overline{a2}\,) \,.\, (\, a3 + a4\,)$$

A partir de las funciones básicas enumeradas, se pueden establecer combinaciones entre ellas de diversa complejidad

Lógica de funciones

Los sistemas digitales se caracterizan por funcionar de modo binario, es decir, emplean dispositivos mediante los cuales solo son posibles dos estados. Por tanto, al transistor solo le vamos a permitir trabajar en la zona de corte o en la de saturación, nunca en la zona activa (ideal para el uso del transistor como amplificador). Esta naturaleza biestable (todo - nada) o nivel alto - nivel bajo de muchos dispositivos industriales hace posible tratar su función mediante un cálculo matemático que solo opere con dos valores "0" y "1"

Existen dos sistemas lógicos distintos

Lógica positiva: Cuando el estado alto coincide con el "1" lógico y el estado bajo con el "0" lógico.

Lógica negativa: Cuando el estado alto coincide con el "0" lógico y el estado bajo con el "1" lógico.

El desarrollo de los distintos bloques lógicos se puede realizar con elementos de alguna de las siguientes familias lógicas:

* Familia RTL: Lógica transistor - resistencia
* Familia DTL: Lógica transistor - diodo
* Familia TTL: Lógica transistor - transistor
* Familia ECL: Lógica acoplada por emisor
* Familia C-MOS

Función "O" u "OR" (Suma lógica)

La función, puerta o dispositivo OR se caracteriza porque proporciona una salida "1" siempre que sea "1" el estado de al menos una de las variables de entrada, es decir, realiza la suma lógica.

$$S = A + B$$

Los símbolos más generalizados para la representación de la función lógica "OR " son:

$$\begin{array}{l} A \\ B \end{array} \boxed{\geq 1} \quad S = A + B \qquad\qquad \begin{array}{l} A \\ B \\ C \end{array} \quad S = A + B + C$$

La representación de todas las combinaciones posibles de las variables de entrada y su repercusión en las salidas se expresa mediante una tabla llamada " Tabla de verdad ".

Tabla de verdad

A	B	C	S	Representación gráfica de una ecuación
0	0	0	0	lógica con todas las combinaciones posibles
0	0	1	1	de sus variables binarias (0, 1) y el
0	1	0	1	resultado final
0	1	1	1	
1	0	0	1	N^{o} combinaciones $= 2^{n}$
1	0	1	1	
1	1	0	1	
1	1	1	1	

Función "Y" O "AND" (Producto lógico)

La función AND se caracteriza porque la salida es "1" solamente cuando todas las variables de entrada son "1", realiza pues el producto lógico.

$$S = A \cdot B$$

		A	B	C	S
		0	0	0	0
		0	0	1	0
Tabla de verdad		0	1	0	0
		0	1	1	0
		1	0	0	0
		1	0	1	0
		1	1	0	0
		1	1	1	1

Función NOT (Negación, inversión o complemento)

Representa el valor inverso de la variable o función. Gráficamente, se expresa mediante una rayita o barra colocada encima de la variable o función.

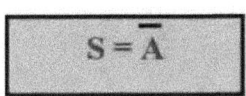

Si A = 1,   será $\overline{A} = 0$

Si A = 0,   será $\overline{A} = 1$

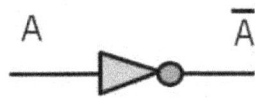

Tabla de verdad	A	S
	0	1
	1	0

Función NOR (NO-O)

Si después de efectuar una operación "OR", realizamos una inversión, obtendremos la función NO - O o NOR.

$$S = \overline{A + B} = \overline{A} \cdot \overline{B}$$

$$A \quad B \quad \geq 1 \quad S = \overline{A + B}$$

$$A \quad B \quad S = \overline{A + B}$$

	A	B	S
	0	0	1
Tabla de verdad	0	1	0
	1	0	0
	1	1	0

Función NAND (NO - Y)

Si después de efectuar una operación AND, realizamos una inversión, obtenemos la función NO - Y o NAND.

$$S = \overline{A \cdot B} = \overline{A} + \overline{B}$$

$$A \quad B \quad \& \quad S = \overline{A \cdot B} \qquad A \quad B \quad S = \overline{A \cdot B}$$

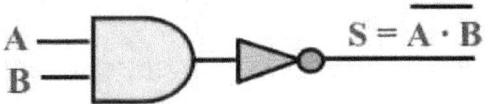

$$S = \overline{A \cdot B}$$

Tabla de verdad	A	B	S
	0	0	1
	0	1	1
	1	0	1
	1	1	0

Función OR - Exclusiva (XOR)

La salida es "1" cuando las entradas están en distinto estado.

$$S = A \oplus B = A \cdot \overline{B} + \overline{A} \cdot B$$

$$S = A \oplus B \qquad S = A \oplus B$$

Tabla de verdad	A	B	S
	0	0	0
	0	1	1
	1	0	1
	1	1	0

Función NOR - Exclusiva (XNOR)

La salida es "1" cuando las entradas están en el mismo estado.

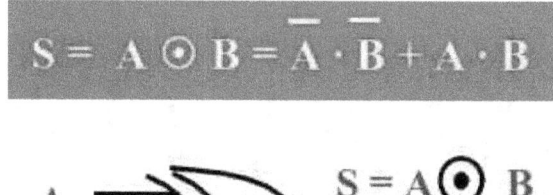

$$S = A \odot B = \overline{A} \cdot \overline{B} + A \cdot B$$

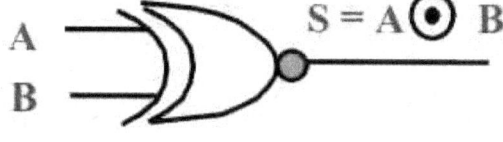

$$S = A \odot B$$

Tabla de verdad	A	B	S
	0	0	1
	0	1	0
	1	0	0
	1	1	1

Función IGUALDAD

Se trata de una puerta lógica de igualdad, lo que quiere decir que su salida siempre tiene el mismo valor que su entrada. Es utilizada como amplificador digital.

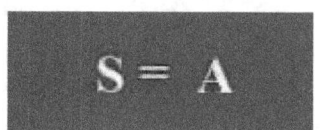

$$S = A$$

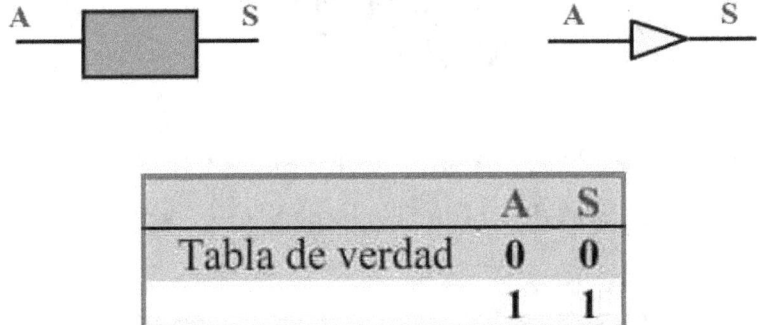

	A	S
Tabla de verdad	0	0
	1	1

Lógica neumática

Las válvulas neumáticas realizan distintas funciones lógicas conectándolas adecuadamente. Las funciones lógicas más complejas pueden realizarse también mediante la conexión de varias válvulas.

El esquema lógico contiene todos los elementos necesarios y sus líneas para el funcionamiento de la máquina. En neumática, se indican, además, todos los acoplamientos de aire comprimido (P) y sus escapes.

Función "O" u "OR" (Válvula selectora de circuito)
La válvula selectora de circuito es necesaria cuando desde dos o más puntos de emisión de señal ha de quedar accionado el mismo proceso.

$$S = A + B$$

Los símbolos más generalizados para la representación de la función lógica "OR " son:

La representación neumática de la función OR es la siguiente:

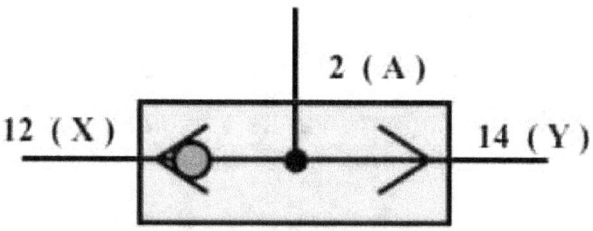

Tabla de verdad	A	B	S
	0	0	0
	0	1	1
	1	0	1
	1	1	1

Ejemplo: Mando de un cilindro de simple efecto desde dos puntos diferentes.

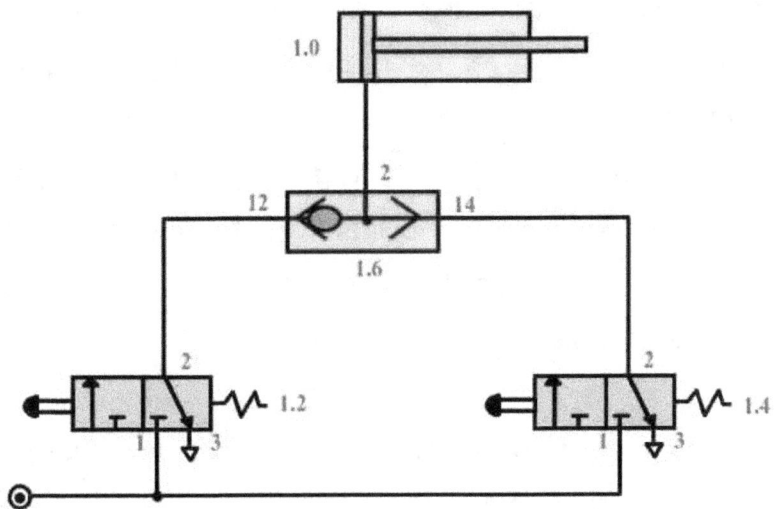

No es posible la conexión en paralelo de válvulas para obtener la función "OR", ya que, de no existir la válvula selectora de circuito, al accionar las válvulas 1.2 o 1.4, el aire escaparía a través de la purga de la otra válvula.

Si se desea llevar varias señales hacia la misma salida, es necesario conectar válvulas selectoras en paralelo (ya que siempre existen solo dos entradas por válvula).

Ejemplo: 4 señales, e1......e4 han de accionar el mismo proceso.

Número necesario de válvulas Nv en una salida S.

Nv = Ne - 1 Ne = nº de señales de entrada.

Las posibilidades de conexionado de válvulas selectoras que se representan en la siguiente figura son totalmente equivalentes en cuanto a la lógica.

En la práctica, sin embargo, conviene aplicar preferentemente la posibilidad a), ya que aquí las señales de entrada han de pasar por el mismo número de resistencias (válvulas).

Una composición totalmente simétrica, sin embargo, sólo es posible con 2, 4, 8, 16... etc. señales de entrada. Se tienen las dos posibilidades de conexión siguientes.

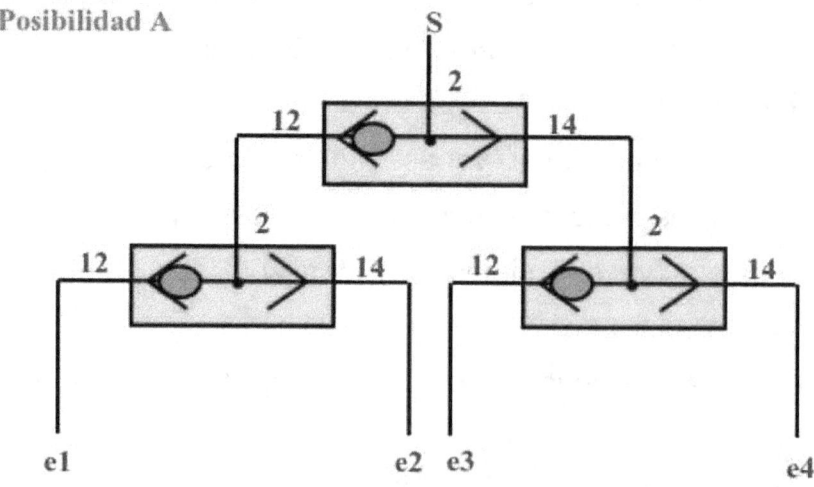

Posibilidad B

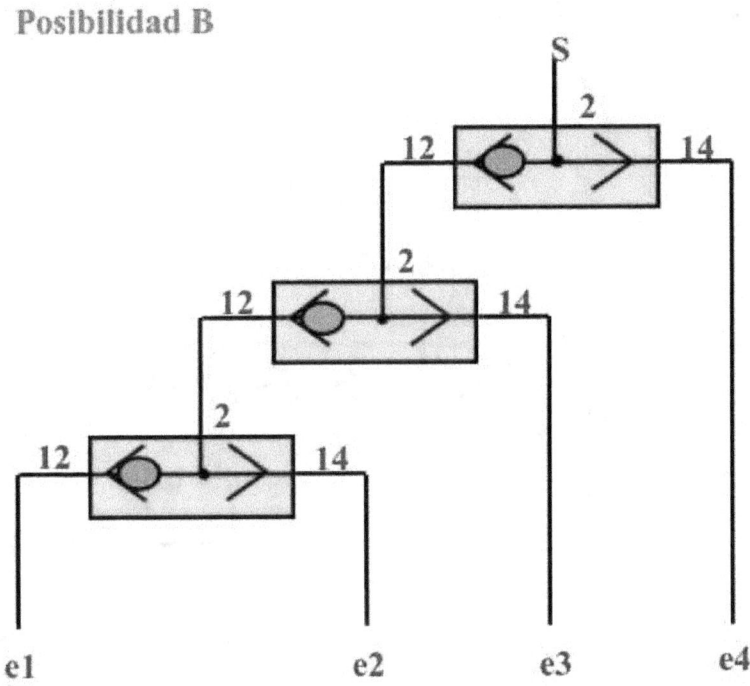

Función "Y" O "AND" (Válvula de simultaneidad)

La función AND se caracteriza porque la salida es "1" solamente cuando todas las variables de entrada son "1", realiza pues el producto lógico.

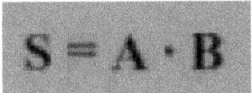

$$S = A \cdot B$$

La representación neumática de la función AND es la siguiente.

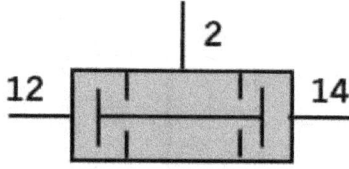

Tabla de verdad	A	B	S
	0	0	0
	0	1	0
	1	0	0
	1	1	1

En neumática existen en principio, 3 posibilidades de realizar la función Y.

1ª Posibilidad: Por conexión en serie

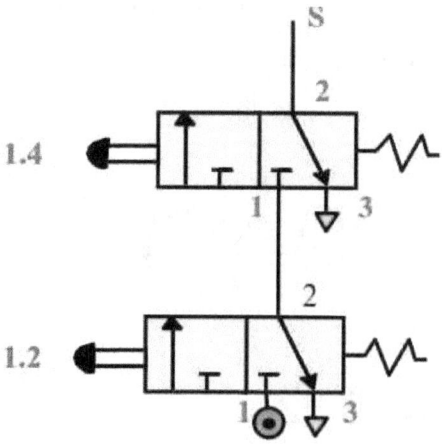

Ventajas: Coste más bajo de elementos, solución más económica.

Desventajas: En la práctica, a menudo conducciones muy largas entre los órganos de señal. La señal de la válvula 1.4 no se puede co-utilizar en otras combinaciones de señales, ya que sólo tiene energía en conexión Y con la válvula 1.2.

2ª Posibilidad: Por válvula de simultaneidad.

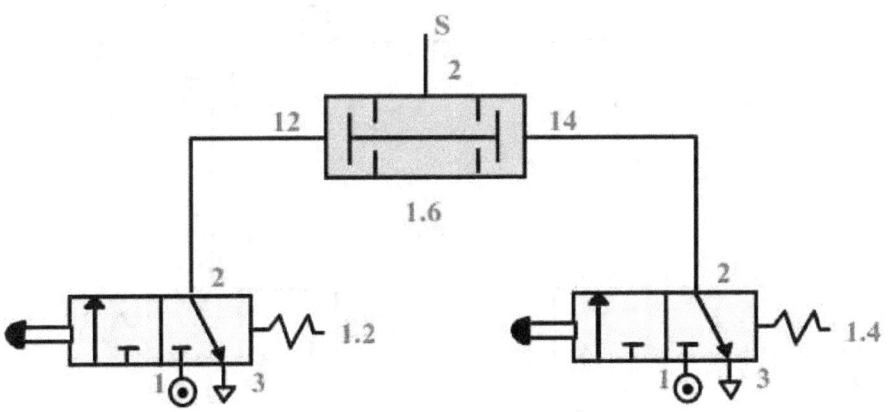

Ventajas: Las señales de las válvulas 1.2 y 1.4 pueden co-utilizarse a voluntad en otras combinaciones de señales, ya que ambos órganos de señal quedan abastecidos directamente con energía. Ambas líneas de señal pueden llevarse por el trecho más corto a la válvula de simultaneidad 1.6.

Desventajas: El gasto en componentes es mayor que en la 1ª posibilidad.

En cuanto a la energía resulta que en la salida de la válvula de simultaneidad aparece siempre la señal más débil.

3ª Posibilidad: Con válvula de accionamiento neumático de 3/2 vías cerrada en reposo.

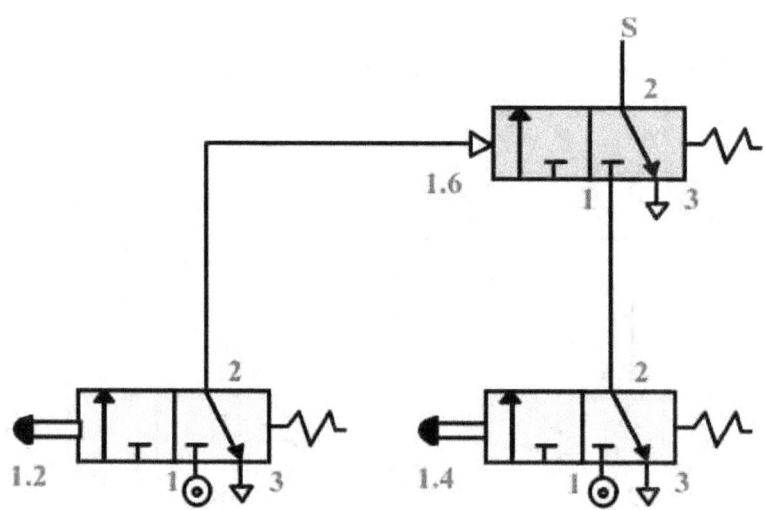

Ventajas: Todas las ventajas de la 2ª posibilidad. Adicionalmente existe aquí la posibilidad de conectar la señal débil en el empalme 12 y la señal fuerte en el empalme 1 de la válvula 1.6. Con ello está garantizado que la señal fuerte aparezca en la salida 2 (efecto de amplificación).

Desventajas: Mayor gasto de componentes
Cuando en la práctica hace falta una operación Y con más de dos entradas, rige análogamente lo mismo que en el accionamiento de válvulas selectoras de circuito.

Ejemplo: El proceso debe realizarse solamente cuando existan 5 señales e1...e5
El número de válvulas de simultaneidad necesarias resulta ser:

$$Nv = Ne - 1 = 5\text{-}1 = 4$$

Ne = número de señales de entrada

La siguiente figura muestra las dos posibilidades de conexionado de válvulas de simultaneidad.

También aquí conviene dar la preferencia a la posibilidad a), como en las válvulas selectoras de circuito.

Posibilidad a

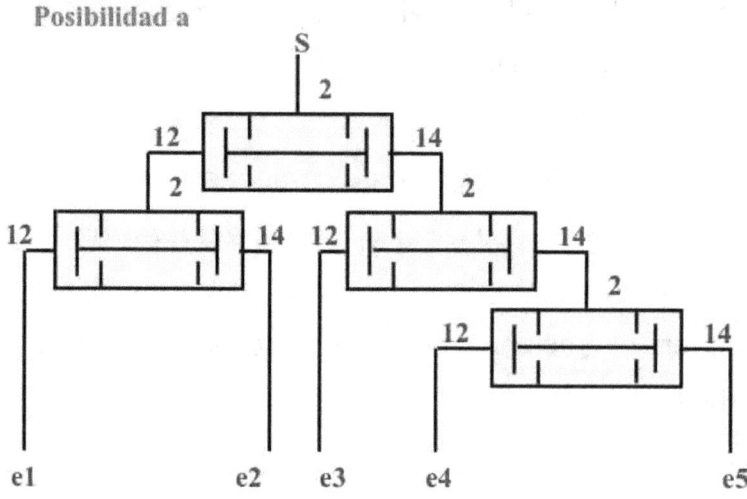

Posibilidad b

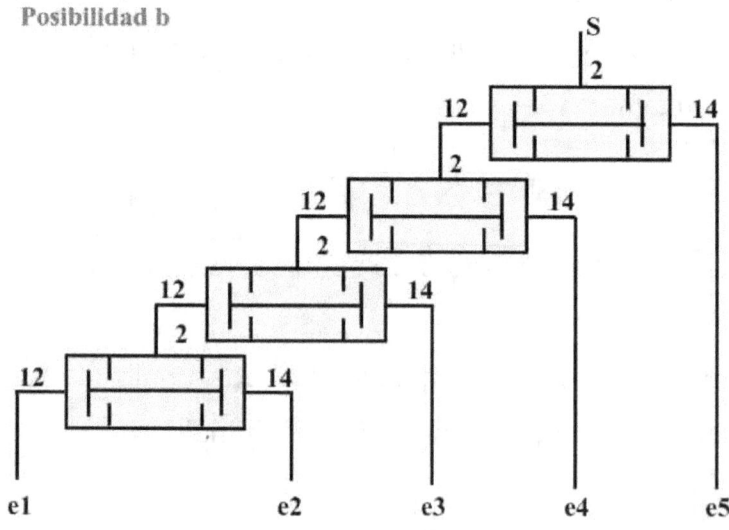

Ejemplo de función Y: El vástago de un cilindro de doble efecto ha de salir únicamente en el caso en que se accione un pulsador y al mismo tiempo se disponga de la información de un estado determinado de la instalación (por ejemplo, presencia de material). El retroceso del cilindro se producirá por medio de un final de carrera situado en la posición final delantera del vástago.

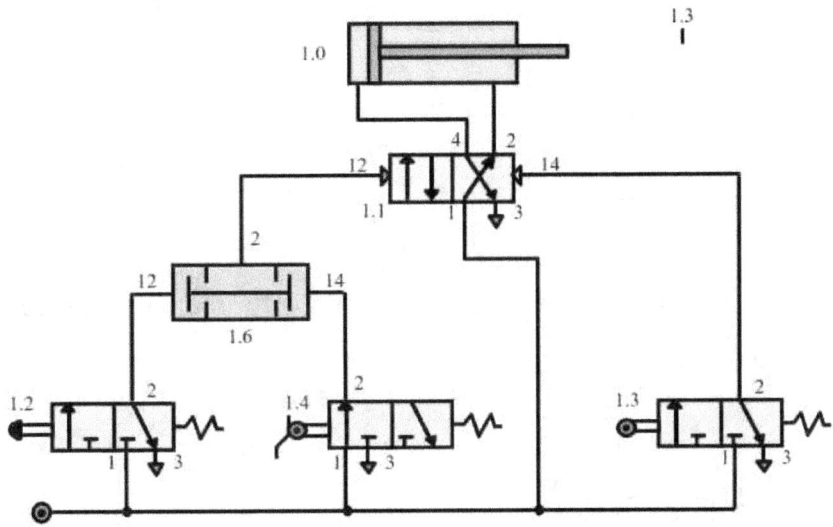

Función NO (Negación, inversión o complemento)
Representa el valor inverso de la variable o función. Gráficamente, se expresa mediante una rayita o barra colocada encima de la variable o función.

En neumática, si se ha de realizar un proceso cuando la señal de mando tenga valor "0", hace falta una válvula que emita señal "1" por la salida cuando la señal de mando es "0".

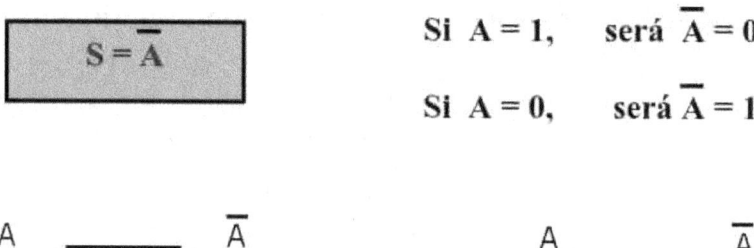

$$S = \overline{A}$$

Si $A = 1$,   será $\overline{A} = 0$

Si $A = 0$,   será $\overline{A} = 1$

A ———⬜•——— $\overline{A}$ A ———▷•——— $\overline{A}$

La representación neumática de la función NO es la siguiente:

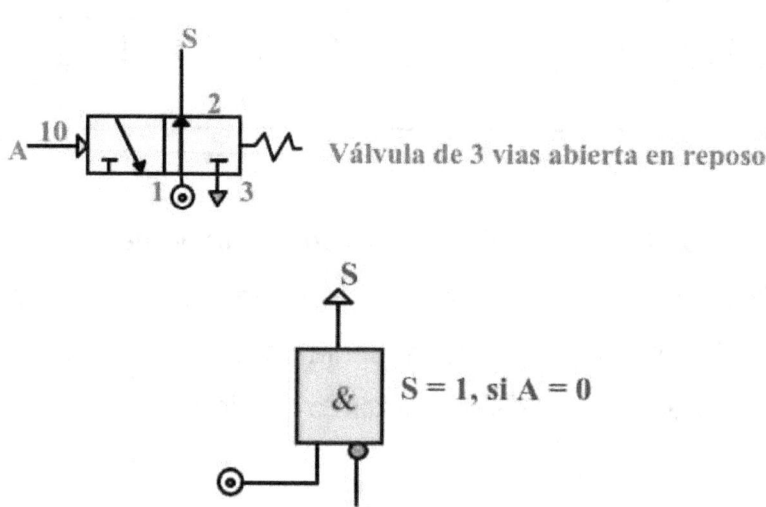

Válvula de 3 vias abierta en reposo

$S = 1$, si $A = 0$

Símbolo función NO de Parker

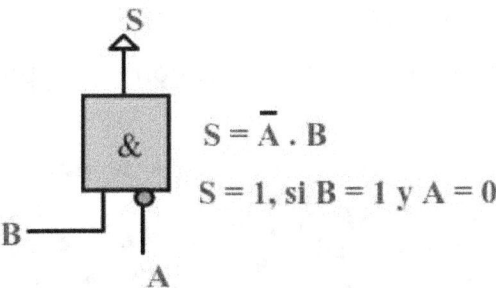

$$S = \overline{A} \cdot B$$
$$S = 1, \text{ si } B = 1 \text{ y } A = 0$$

Conexionado en inhibición

Tabla de verdad

A	S
0	1
1	0

Ejemplo de función NO: Ha de sonar una señal acústica si un dispositivo de protección no está cerrado.

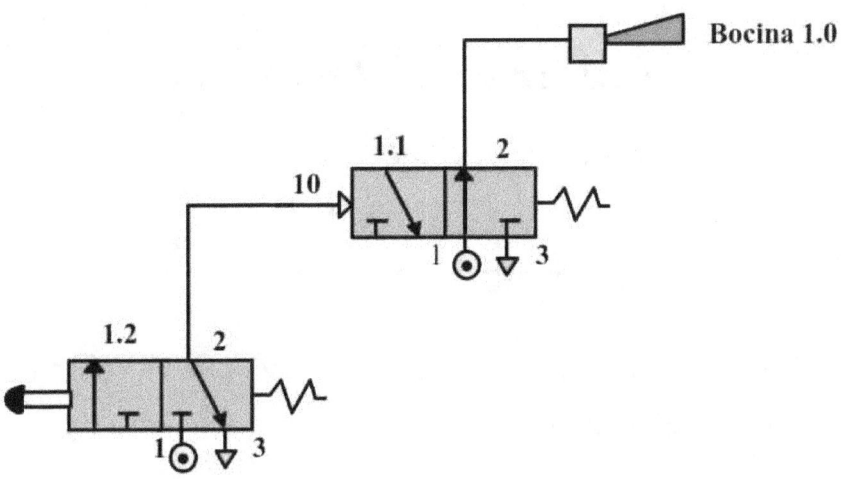

Función NOR (NO-O)

La función se obtiene por inversión de la función OR

$$S = \overline{A + B} = \overline{A} \cdot \overline{B}$$

$$A, B \to \geq 1 \to S = \overline{A + B}$$

$$A, B \to S = \overline{A + B}$$

	A	B	S
	0	0	1
Tabla de verdad	0	1	0
	1	0	0
	1	1	0

Neumáticamente la función NOR se puede realizar con el siguiente montaje.

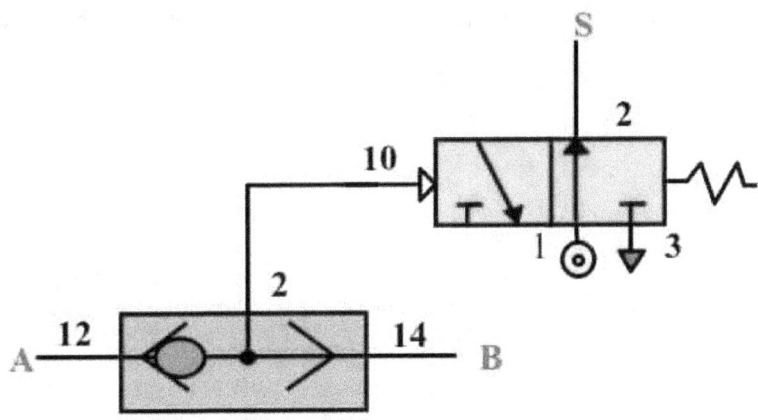

Función NAND (NO - Y)

La función se obtiene por inversión de la puerta AND

$$S = \overline{A \cdot B} = \overline{A} + \overline{B}$$

	A	B	S
	0	0	1
Tabla de verdad	0	1	1
	1	0	1
	1	1	0

Con elementos neumáticos, la función NAND se realiza con el siguiente montaje.

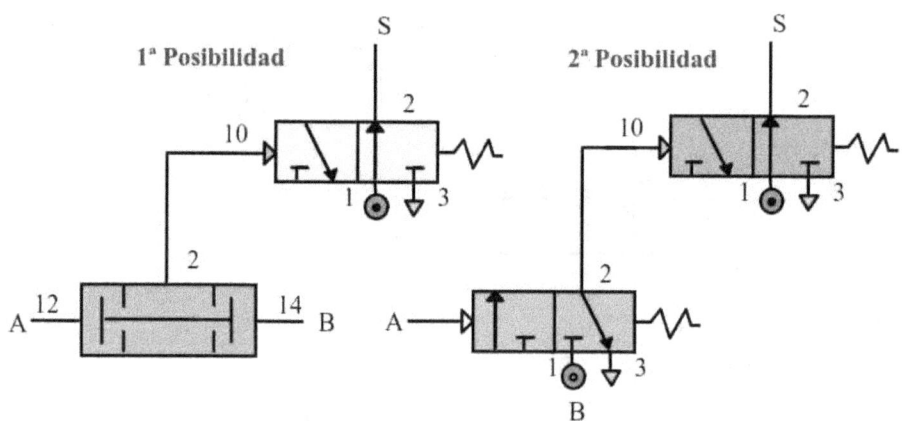

Función OR - Exclusiva (XOR)

La salida es "1" cuando las entradas están en distinto estado.

$$S = A \oplus B = A \cdot \overline{B} + \overline{A} \cdot B$$

Tabla de verdad	A	B	S
	0	0	0
	0	1	1
	1	0	1
	1	1	0

Con elementos neumáticos, la función XOR se realiza con el siguiente montaje.

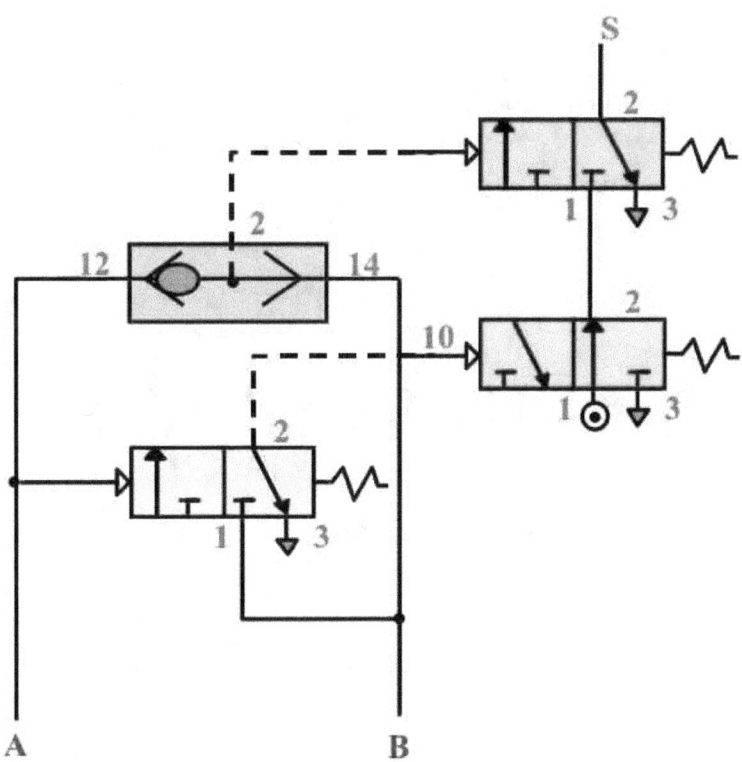

Función NOR - Exclusiva (XNOR)

La salida es "1" cuando las entradas están en el mismo estado.

$$S = A \odot B = \overline{A} \cdot \overline{B} + A \cdot B$$

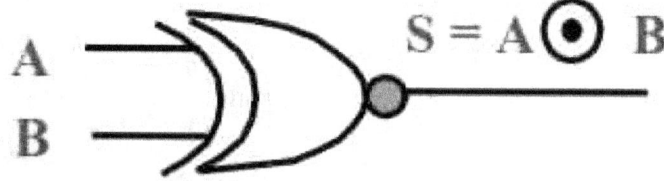

$$S = A \odot B$$

Tabla de verdad	A	B	S
	0	0	1
	0	1	0
	1	0	0
	1	1	1

Con elementos neumáticos, la función XNOR se puede realizar con el siguiente montaje.

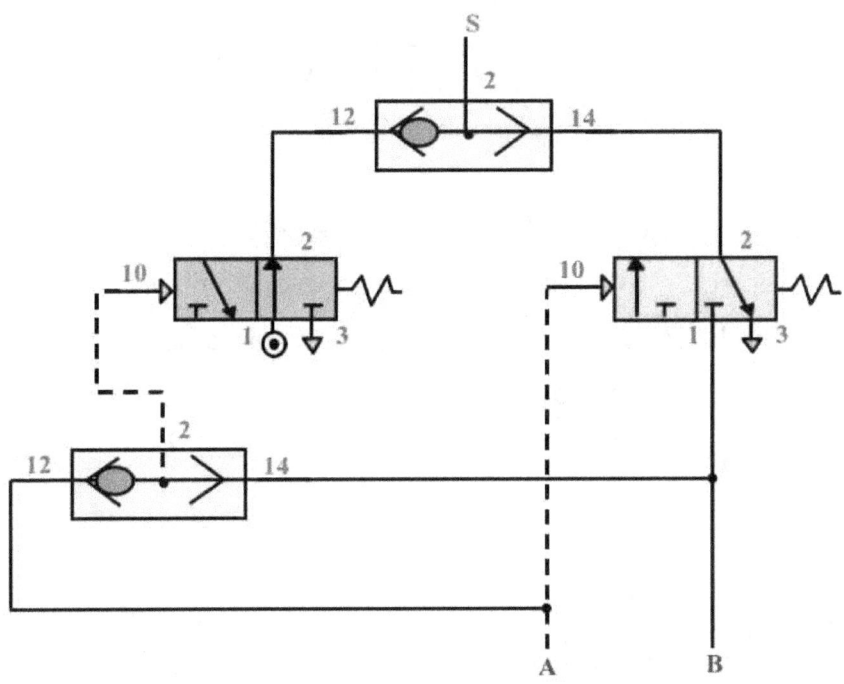

Función IGUALDAD

La salida siempre tiene el mismo valor que la entrada.

Es utilizada como Regenerador.

$$S = A$$

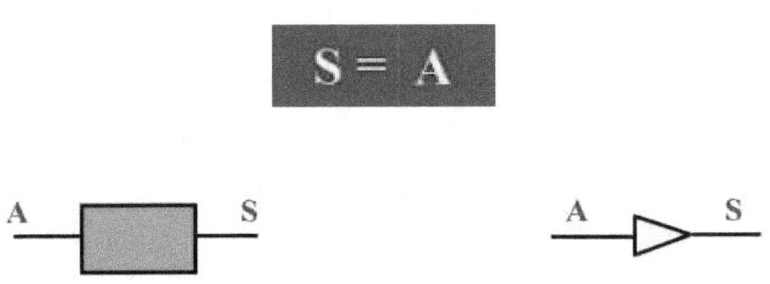

	A	S
Tabla de verdad	0	0
	1	1

En neumática, la función igualdad puede obtenerse, bien con una célula lógica o bien utilizando una válvula 3/2 vías cerrada en reposo, tal como se indica en la siguiente figura.

Válvula de 3 vias cerrada en reposo

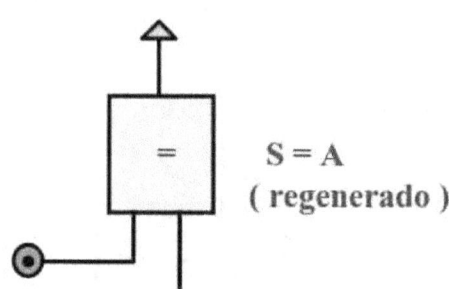

S = A
(regenerado)

Símbolo función SI de Parker

Implementación de funciones

Se denomina implementar una función, a realizar el circuito que cumpla la ecuación de dicha función.

Obtenida la ecuación lógica de funcionamiento del circuito de mando de un automatismo, se puede elegir la tecnología a utilizar (contactos, puertas lógicas, neumática, hidráulica), teniendo en cuenta que cada una de estas tecnologías tiene elementos para realizar las distintas funciones lógicas, pero, asimismo, no todas las funciones pueden realizarse de forma económica con cualquier tecnología.

Cada tecnología posee funciones características que son óptimas desde el punto de vista económico y tecnológico.

Implementación de funciones lógicas con contactos

Cuando se desea implementar la ecuación de funcionamiento del circuito de mando de un automatismo con contactores y pulsadores, se deben tener en cuenta las siguientes normas:

* Cada ecuación se implementará con un contactor o relé.

* Las entradas de la ecuación se realizan con contactos (interruptores, pulsadores o contactos auxiliares de los contactores).

* Cuando en una ecuación aparece como entrada una salida, dicha entrada se realiza con un contacto auxiliar del contactor que implementa dicha ecuación.

* Las multiplicaciones de variables en una ecuación equivalen a poner en serie los elementos que representan dichas variables.

* Las sumas de variables en una ecuación equivalen a poner en paralelo los elementos que componen dicha suma.

* Las negaciones de variables en una ecuación equivalen al empleo de elementos (pulsadores o contactos) normalmente cerrados.

* Las negaciones de grupos de variables no pueden implementarse directamente, precisando de la aplicación del álgebra de Boole para su reducción a variables simples.

Ejemplo:

$$\overline{A + B + C} = \overline{A} \cdot \overline{B} \cdot \overline{C}$$

Problema: Implementar, con pulsadores solamente, la siguiente ecuación lógica de un automatismo:

$$S = \overline{A} . B . (\overline{C} + D)$$

Solución: Cuando se implementa un circuito sólo con pulsadores, cada una de las variables de entrada estará representada por un pulsador que, según se encuentre negada o no, corresponderá a un pulsador normalmente cerrado o normalmente abierto

La implementación del circuito se realiza representando en primer lugar la alimentación.

En serie con ella se representa el circuito equivalente en pulsadores -a la ecuación de funcionamiento- y, por último, también en serie, el receptor cuyo funcionamiento define la ecuación.

En nuestro caso, tenemos 4 variables de entrada asociadas de la siguiente forma:

• Las variables C y D bajo la forma de suma que se representarán, por tanto, con dos pulsadores en paralelo. El correspondiente a C será normalmente cerrado, por encontrarse esta variable negada, mientras que el correspondiente a D será normalmente abierto.

• Las variables A y B bajo la forma de producto en conjunto con el bloque (C + D) serán representadas por dos pulsadores en serie, en conjunto con el bloque anterior. El pulsador de A será normalmente cerrado.

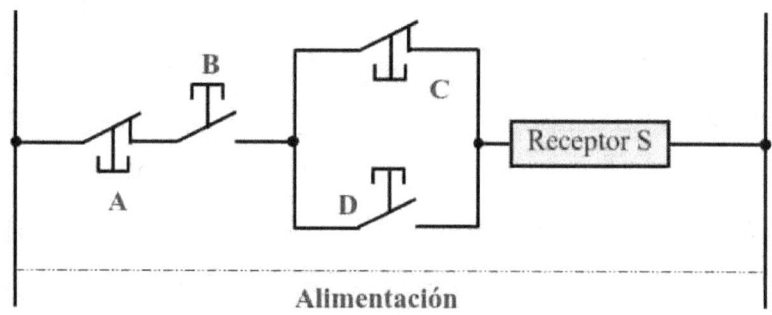

Implementación de funciones con puertas lógicas

A partir de la ecuación de funcionamiento del automatismo, se puede realizar la función con la utilización de las puertas lógicas ya descritas. Sin embargo, ello requeriría la disponibilidad de toda la serie de circuitos integrados digitales. Todas las funciones básicas pueden ser sustituidas por las puertas NAND y NOR. Casi todos los circuitos tienden a realizarse mediante este tipo de puertas, con el fin de simplificar el montaje de aquellos problemas digitales en los que intervienen sumas, productos, negaciones, etc., que supondrían bastantes tipos de funciones específicas a realizar por un solo elemento que la ejecute, complicando sobremanera su montaje. Con el correcto uso del teorema de De Morgan, se resuelve la ecuación con estas dos funciones.

Equivalencias entre puertas lógicas

Función	Puertas NAND	Puertas NOR

Implementación de funciones con puertas NAND

El proceso es el siguiente:

1.- Una vez obtenida la expresión correspondiente del problema, se realiza a todo el conjunto una doble inversión o negación.

2.- Si en la expresión resultante existe algún producto, las dos negaciones deben dejarse tal cual. Si, por el contrario, es una suma, aplicaremos el teorema de De Morgan sobre dicha suma.

3.- Se continúa realizando el proceso anterior hasta la obtención de una función compuesta exclusivamente por productos negados.

Como ejemplo, vamos a realizar la implementación mediante puertas NAND de la función OR.

$$\text{Función OR} \text{-----------} S = a + b$$

Con puertas NAND :

$$S = \overline{\overline{a + b}} \ldots\ldots (1) \qquad\qquad S = \overline{\overline{a} \cdot \overline{b}} \ldots\ldots (2) \text{ y } (3)$$

que, representado lógicamente, sería la función existente en la tabla de equivalencias

Implementación de funciones con puertas NOR

El proceso es el siguiente:

1.- Una vez obtenida la expresión correspondiente del problema, se realiza a todo el conjunto una doble inversión o negación.

2.- Si en la expresión resultante existe alguna suma, las dos negaciones deben dejarse tal cual. Si, por el contrario, es un producto, aplicaremos el teorema de De Morgan sobre dicho producto.

3.- Se continúa realizando el proceso anterior hasta la obtención de una función compuesta exclusivamente por sumas negadas.

Como ejemplo, vamos a realizar la implementación con puertas NOR de la función Y.

$$\text{Función Y} \text{----------} S = a \cdot b$$

Con puertas NOR :

$$S = \overline{\overline{a + b}} \text{............ (1)} \qquad\qquad S = \overline{\overline{a} \cdot \overline{b}} \text{............... (2) y (3)}$$

obteniendo la representación lógica mostrada en la tabla de equivalencias de puertas.

Implementación de funciones con elementos neumáticos

Cuando se desea implementar la ecuación de funcionamiento del circuito de mando de un automatismo con elementos neumáticos, se deben tener en cuenta las siguientes normas:

* Las entradas de la ecuación se realizan con válvulas distribuidoras (válvulas de vías, en sus diversas disposiciones)

* Las multiplicaciones de variables en una ecuación equivalen a poner en serie los elementos que representan dichas variables. Se puede utilizar: bien la conexión en serie de válvulas, o bien usar las válvulas de simultaneidad

* Las sumas de variables en una ecuación equivalen a poner en paralelo los elementos que componen dicha suma. En este caso conviene utilizar las válvulas selectoras de circuito.

* Las negaciones de variables en una ecuación equivalen al empleo de elementos (válvulas) normalmente abiertas. Aquí, para realizar la función, se dispone de: válvulas de vías normalmente abiertas, función NO y función Inhibición.

* Las negaciones de grupos de variables no pueden implementarse directamente, precisando de la

aplicación del álgebra de Boole para su reducción a variables simples.

Ejemplo:

$$\overline{A + B + C} = \overline{A} \cdot \overline{B} \cdot \overline{C}$$

Problema: Implementar, con elementos neumáticos solamente, la siguiente ecuación lógica de un automatismo:

$$S = P1 \cdot I1 + \overline{P0}$$

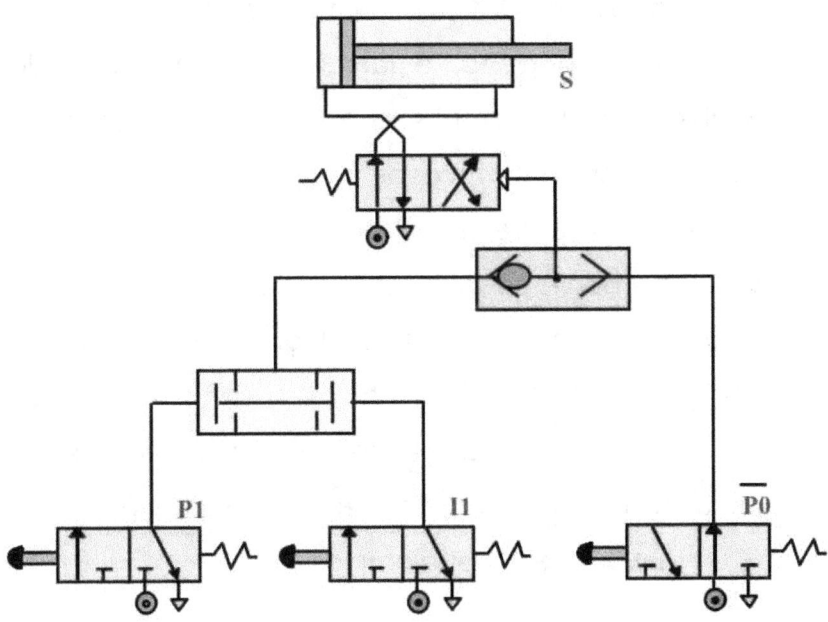

Tema 3
Algebra de Boole

El fin de toda álgebra o sistema matemático es el de representar, mediante una serie de símbolos y operaciones un grupo de objetos o elementos con el fin de obtener una serie de ecuaciones escritas en forma simbólica, que mediante su manipulación y/o simplificaciones correctas nos den la solución de un sistema con el menor número de elementos posible, de modo que sea idéntica a la dada.

El filósofo y matemático George Boole desarrolló a mediados del siglo XX un sistema matemático basado en relaciones lógicas, estableciendo una serie de postulados y operaciones con la misión de resolver los automatismos o procesos a ejecutar.

La diferencia entre el álgebra convencional y el álgebra de Boole es que esta última está relacionada con dos operaciones binarias lógicas, como son la suma (+) y el producto (.) lógicos, y con las variables "0" y "1"; mientras que la convencional necesita de relaciones cuantitativas, es decir, necesitamos saber si X es mayor que Y por ejemplo.

Basado en estas relaciones lógicas, su álgebra da a todos sus elementos dos únicos valores (0 y 1) que son opuestos entre sí.

Axiomas del álgebra de Boole

En este punto, se indican todos aquellos postulados o teoremas que relacionan el álgebra de Boole, apoyándonos en la representación de contactos eléctricos para una mayor comprensión.

Recordemos que el signo suma (+) en el álgebra de Boole equivale, traducido al álgebra de contactos eléctricos, a un circuito paralelo, mientras que el signo producto (.) equivale al circuito serie.

Operación	Expresión Booleana	Contactos eléctricos
Suma	a + b	
Producto	a . b	

Significar que la operación producto se indica generalmente mediante la ausencia de símbolo entre dos variables.

$$a \cdot b = ab$$

También:

1 lógico equivale a contacto cerrado

0 lógico equivale a contacto abierto

Postulados y teoremas

1.- Las operaciones suma y producto son conmutativas:

a) $a + b = b + a$	
b) $ab = ba$	

2.- Ambas operaciones son asociativas:

a) $(a + b) + c = a + (b + c) = a + b + c$

b) $(ab) c = a (bc) = abc$

3.- Ambas operaciones son distributivas:

a) $a + bc = (a + b)(a + c)$	
b) $a (b + c) = (ab) + (ac)$	

4.- La suma o producto de dos variables iguales equivale a la misma variable.

a) $a + a = a$	
b) $a.a = a$	

5.- Existe elemento complementario para cada operación:

a) $a + \overline{a} = 1$	
b) $a.\overline{a} = 0$	

6.- Ley de absorción

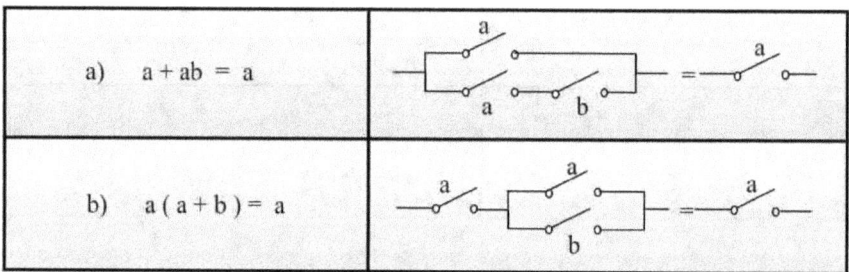

a) a + ab = a	
b) a (a + b) = a	

7.- Existen dos elementos neutros, el 0 y el 1, cumpliéndose la propiedad en dos de los casos, quedando como 1 y 0 lógicos en los otros dos:

a) a . 1 = a	
b) a + 0 = a	
c) a . 0 = 0	
d) a + 1 = 1	

8.- Para todo elemento del álgebra de Boole se cumple que:

$$\overline{\overline{a}} = a$$

Lo que queda perfectamente aclarado comprobando su tabla de verdad.

a	$\overline{a}$	$\overline{\overline{a}}$
0	1	0
1	0	1

9.- Postulado noveno

a) $a + \overline{a}\,b = a + b$	
b) $a(\overline{a} + b) = a\,b$	

Demostración

a) $a + \overline{a}\,b = (a + \overline{a})(a + b) = 1(a + b) = a + b$

b) $a(\overline{a} + b) = a\,\overline{a} + a\,b = 0 + a\,b = a\,b$

Teorema de De Morgan

Permite transformar funciones " suma " en funciones " producto " y viceversa.

$$a) \qquad \overline{A + B} = \overline{A} \cdot \overline{B}$$

$$b) \qquad \overline{A \cdot B} = \overline{A} + \overline{B}$$

$$c) \qquad A + B = \overline{\overline{A} \cdot \overline{B}}$$

$$d) \qquad A \cdot B = \overline{\overline{A} + \overline{B}}$$

La ecuación a) nos demuestra que podemos conseguir una puerta NOR invirtiendo las entradas de una puerta AND.

* La ecuación b) nos demuestra que podemos obtener una puerta NAND invirtiendo las entradas de una puerta OR.

* La ecuación c) nos demuestra que podemos obtener una puerta OR invirtiendo las entradas de una puerta NAND.

* La ecuación d) nos demuestra que podemos obtener una puerta AND invirtiendo las entradas de una puerta NOR.

Los teoremas del álgebra de Boole son demostrables por el método de inducción completa que consiste en comprobar que la relación entre los elementos que el teorema define, se cumplen en todos los casos posibles. Para poder realizar esto, se utilizan las tablas de verdad.

Por ejemplo: Vamos a demostrar la ley de absorción

$$a + a \cdot b = a$$

Cuya tabla de verdad es la siguiente:

a	b	a + a . b	a
0	0	0 + 0 . 0 = 0	0
0	1	0 + 0 . 1 = 0	0
1	0	1 + 1 . 0 = 1	1
1	1	1 + 1 . 1 = 1	1

Existen infinidad de teoremas en el álgebra de Boole, tantos como puedan ser demostrados por el método referido, sin embargo, los indicados anteriormente se encuentran entre los más importantes por su utilidad.

Por otra parte, siempre que se cumple una ley o teorema en el álgebra de Boole, se cumple también su forma dual; es decir, la expresión que se obtiene cambiando solamente las operaciones de suma por las de producto y las de producto por las de suma. Las formas duales de las leyes y teoremas básicos se indican en la siguiente tabla.

Nombre de la Ley	Forma básica	Forma dual
Ley de absorción	$a + a . b = a$	$A . (a + b) = a$
Teorema de De Morgan	$\overline{(a + b + c + ...)} = \overline{a} . \overline{b} . \overline{c} ...$	$\overline{(a . b . c ...)} = \overline{a} + \overline{b} + \overline{c} + ...$
Leyes de transposición	$a . b + \overline{a} . c = (a + c) . (\overline{a} + b)$	$(a + b) . (\overline{a} + c) = a . c + \overline{a} . b$
	$a . b + a . b = (\overline{a} + b) . (a + \overline{b})$	$(a + \overline{b}) . (\overline{a} + b) = \overline{a} . b + a . \overline{b}$
Leyes varias	$a + \overline{a} . b = a + b$	$a . (\overline{a} + b) = a . b$
	$\overline{a} + a . b = \overline{a} + b$	$\overline{a} . (a + b) = \overline{a} . b$
	$a . b + a . \overline{b} . c = a . b + a . c$	$(a+b) . (a + \overline{b} + c) = (a+b) . (a+c)$
	$a . b + \overline{a} . c + b . c = a . b + \overline{a} . c$	$(a + b) (\overline{a} + c) (b + c) = (a + b) (\overline{a} + c)$
	$a . b + a . \overline{b} = a$	$(a + b) . (a + \overline{b}) = a$
	$a . b + a . c = a . (b + c)$	$(a + b) . (a + c) = a + (b . c)$

Una función Booleana se puede expresar de las siguientes formas:

c	b	A	F
0	0	0	0
0	0	1	1
0	1	0	0
0	1	1	1
1	0	0	0
1	0	1	0
1	1	0	1
1	1	1	1

c) Mediante los términos canónicos. Se tienen las siguientes estructuras:

* Ecuación con estructura minterms: Esta ecuación está estructurada como una suma de términos en forma de productos de las diferentes variables que intervienen en la ecuación. Por ejemplo:

$$x = a\overline{b}c + \overline{a}b\overline{c} + abc$$

Ecuación con estructura maxterms: Se dispone como un producto de términos en forma de suma de las diferentes variables que intervienen en la ecuación. Por ejemplo:

$$y = (a + \overline{b} + c).(\overline{a} + b + \overline{c}).(\overline{a} + \overline{b} + c)$$

Tanto en una estructura como en la otra, todos los términos han de contener todas las variables que intervienen en la ecuación.

Suele utilizarse también una segunda forma canónica, llamada numérica. Se asigna a cada término canónico un número decimal que es el equivalente binario que se obtiene de sustituir las variables según el siguiente criterio:

A las variables que aparecen de forma directa ⇔ 1
A las variables que aparecen de forma negada ⇔ 0

Ejemplo: Supongamos una función F expresada en minterms:

$$F = \overline{c}\,\overline{b}\,a + \overline{c}\,b\,a + c\,\overline{b}\,a + c\,b\,a = \sum_{3} (1, 3, 5, 7)$$

1 1 1
(7)

1 0 1
(5)

0 1 1
(3)

0 0 1
(1)

Si viene expresada en forma de maxterms:

$$F = (\bar{c} + \bar{b} + a) \cdot (\bar{c} + b + a) \cdot (c + \bar{b} + a) \cdot (c + b + a) = \prod_{3} (1, 3, 5, 7)$$

Conversión entre formas

a) Para pasar de la tabla de verdad a la expresión canónica algebraica en forma de suma de productos, se parte de la tabla de verdad y, aquellas combinaciones que hacen "1" la función se toma con el criterio expuesto anteriormente.

c	b	a	F		
0	0	0	0		
0	0	1	1	$\Rightarrow$	$\bar{c} \cdot \bar{b} \cdot a$
0	1	0	0		
0	1	1	1	$\Rightarrow$	$\bar{c} \cdot b \cdot a$
1	0	0	0		
1	0	1	0		
1	1	0	1	$\Rightarrow$	$c \cdot b \cdot \bar{a}$
1	1	1	1	$\Rightarrow$	$c \cdot b \cdot a$

Luego,

$$F = \bar{c} \cdot \bar{b} \cdot a + \bar{c} \cdot b \cdot a + c \cdot b \cdot \bar{a} + c \cdot b \cdot a = \sum_{3} (1, 3, 6, 7)$$

b) Para pasar de la forma canónica algebraica o numérica de minterms a la tabla de verdad se procede, al contrario, poniendo un "1" en las combinaciones correspondientes a los minitérminos.

c) Para pasar de la tabla de verdad a la expresión canónica algebraica producto de sumas, se parte de la tabla de verdad y aquellas combinaciones que hacen "0" la función se toma con el criterio inverso al anterior (las variables que valgan "0" se toman directas y las que valgan "1" complementadas.

En el ejemplo anterior:

$$F = (c + b + a) . (c + \overline{b} + a) . (\overline{c} + b + a) . (\overline{c} + b + \overline{a}) = II_3 (2, 3, 5, 7)$$

d) Para pasar directamente de una forma canónica de minterms a maxterms y viceversa, se obtiene la conversión mediante el complemento a $2^n - 1$ de los términos que no pertenecen a la función, siendo n el número de variables de la función.

Ejemplo : $\Sigma_3 (1, 3, 6, 7)$ ----- faltan los términos 0, 2, 4, 5

$$2^{n-1} = 2^3 - 1 = 8 - 1 = 7 .... \quad 7 - 0 = 7$$
$$7 - 2 = 5$$
$$7 - 4 = 3$$
$$7 - 5 = 2$$

$$F = \Pi \underset{3}{(\,2,\,3,\,5,\,7\,)}$$

e) Para convertir una expresión no canónica en canónica se procede de la siguiente manera:

* A los productos que no sean canónicos se les multiplica por la forma directa y complementada de las variables que faltan.

* A las sumas que no sean canónicas se les suma el producto de la forma directa y complementada de las variables que falten.

Ejemplo: Transformar en la forma canónica minterms la siguiente ecuación:

$$F = a \cdot \overline{b} \cdot c + \overline{a} + b \cdot d$$

Solución: A los productos que no sean canónicos, por faltarles algún término, se les multiplica por el término.

$$(\,a + \overline{a}\,),\,(\,b + \overline{b}\,),\,(\,c + \overline{c}\,)\; o\; (\,d + \overline{d}\,)$$

que les falte. Por tanto, la función anterior se transforma en:

$$F = a \cdot b \cdot c \cdot (\,d + \overline{d}\,) + a \cdot (\,b + \overline{b}\,)(\,c + \overline{c}\,)\,(\,d + \overline{d}\,) + b \cdot d \cdot (\,a + \overline{a}\,) \cdot (\,c + \overline{c}\,)$$

Simplificación de funciones

Existen dos procedimientos básicos para simplificar las ecuaciones Booleanas:

* Método algebraico

* Métodos tabulares y gráficos

Método algebraico

Este método consiste en ir aplicando las propiedades del álgebra de Boole hasta conseguir la reducción total. El criterio más extendido consiste en obtener una expresión de un sistema cualquiera de las dos formas ya conocidas: como sumas de productos o como productos de sumas; de forma que tenga el menor número de términos y de variables, para obtener una expresión que realice exactamente la misma función planteada en el problema.

Ejemplo: Simplificar la función.

$$F = a\,b\,c\,d + a\,b\,c\,\overline{d} + a\,b\,\overline{c}\,d + a\,b\,\overline{c}\,\overline{d}$$

Aplicando los axiomas del álgebra de Boole, obtenemos:

$$a\,b\,c\,d + a\,b\,c\,\overline{d} = a\,b\,c\,(\,d + \overline{d}\,) = a\,b\,c\,(\,1\,) = a\,b\,c$$

$$a\,b\,\overline{c}\,d + a\,b\,\overline{c}\,\overline{d} = a\,b\,c\,(d + \overline{d}) = a\,b\,\overline{c}\,(1) = a\,b\,\overline{c}$$

De donde,

$$F = a\,b\,c + a\,b\,\overline{c}$$

Repitiendo el proceso anterior,

$$a\,b\,c + a\,b\,\overline{c} = a\,b\,(c + \overline{c}) = a\,b\,(1) = a\,b$$

$$F = a\,b$$

Métodos tabulares de simplificación

Los métodos más empleados en la simplificación de funciones son:

* Tablas de Karnaugh: Se pueden utilizar para simplificar funciones de dos a seis variables, aunque habitualmente sólo se emplee para funciones de dos a cinco variables.

* Tablas de Quine-Mc Cluskey: Se puede emplear en la simplificación de ecuaciones de cualquier número de variables, pero se suelen utilizar solamente a partir de cinco variables.

Tablas de Karnaugh

Es un método de simplificación de funciones sencillo y rápido de manejar. Se aconseja no utilizarlo para más de 4-5 variables puesto que entraña más dificultades que ventajas a la hora de resolverlo.

Para epigrafiar las tablas de Karnaugh se hace uso de un código progresivo, normalmente se emplea el código Gray. El código Gray se caracteriza porque dos números consecutivos solo se diferencian en un dígito o bit, lo que no ocurre con el código binario natural.

Decimal	Binario natural	Binario Gray
0	000	000
1	001	001
2	010	011
3	011	010
4	100	110
5	101	111
6	110	101
7	111	100

El código binario natural es útil para el cálculo matemático, pero no para ciertas aplicaciones, por ejemplo, para la codificación de las informaciones procedentes de los transductores analógicos, ya que el retraso de alguno de los bits daría lugar a una codificación transitoria errónea. El código Gray es continuo y cíclico porque el último término, como veremos, cumple la progresividad con el primero. También es reflexivo porque puede generarse por reflexión sobre un eje, siendo precisamente la propiedad reflexiva la que utilizaremos para obtener el código Gray:

Para una sola variable se tiene:

$$
\begin{array}{c}
0 \\
1 \\
\hline
1 \\
0
\end{array}
$$

Haciendo girar el código anterior sobre el eje "X" y añadiendo " ceros " a la izquierda de las posiciones antiguas y " unos " a la izquierda de las reflejadas, se tiene el código para 2 variables:

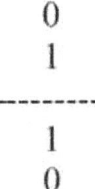

$$
\begin{array}{cc}
0 & 0 \\
0 & 1 \\
\hline
1 & 1 \\
1 & 0
\end{array}
$$

Para 3 variables,

$$
\begin{array}{ccc}
0 & 0 & 0 \\
0 & 0 & 1 \\
0 & 1 & 1 \\
0 & 1 & 0 \\
\hline
1 & 1 & 0 \\
1 & 1 & 1 \\
1 & 0 & 1 \\
1 & 0 & 0 \\
\end{array}
$$

Para 4 variables,

$$
\begin{array}{cccc}
0 & 0 & 0 & 0 \\
0 & 0 & 0 & 1 \\
0 & 0 & 1 & 1 \\
0 & 0 & 1 & 0 \\
0 & 1 & 1 & 0 \\
0 & 1 & 1 & 1 \\
0 & 1 & 0 & 1 \\
0 & 1 & 0 & 0 \\
\hline
1 & 1 & 0 & 0 \\
1 & 1 & 0 & 1 \\
1 & 1 & 1 & 1 \\
1 & 1 & 1 & 0 \\
1 & 0 & 1 & 0 \\
1 & 0 & 1 & 1 \\
1 & 0 & 0 & 1 \\
1 & 0 & 0 & 0 \\
\end{array}
$$

Siguiendo con el mismo procedimiento se puede obtener el código Gray para cualquier número de variables.

Las tablas de Karnaugh están constituidas por una cuadrícula en forma de encasillado cuyo número de casillas depende del número de variables que tenga la función a simplificar. Cada una de las casillas representa las distintas combinaciones de las variables que puedan existir.

Para 2 variables,

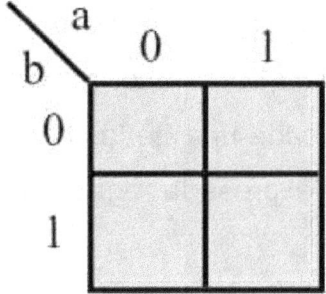

Para 3 variables,

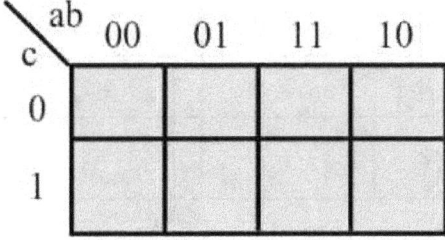

Para 4 variables,

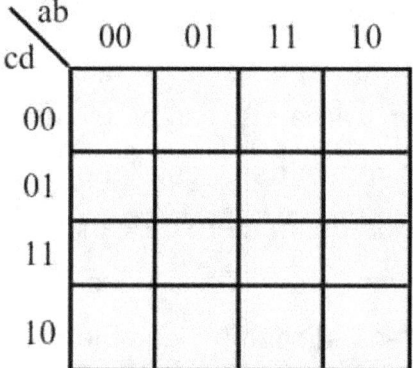

Cada una de las casillas que forman la tabla puede representar términos tanto minterms como maxterms. En la siguiente figura aparece, a modo de ejemplo, la equivalencia de cada una de las casillas de una tabla de 4 variables expresada en términos minterms y maxterms.

ab\\cd	00	01	11	10
00	$\bar{a}\,\bar{b}\,\bar{c}\,\bar{d}$	$\bar{a}\,b\,\bar{c}\,\bar{d}$	$a\,b\,\bar{c}\,\bar{d}$	$a\,\bar{b}\,\bar{c}\,\bar{d}$
01	$\bar{a}\,\bar{b}\,\bar{c}\,d$	$\bar{a}\,b\,\bar{c}\,d$	$a\,b\,\bar{c}\,d$	$a\,\bar{b}\,\bar{c}\,d$
11	$\bar{a}\,\bar{b}\,c\,d$	$\bar{a}\,b\,c\,d$	$a\,b\,c\,d$	$a\,\bar{b}\,c\,d$
10	$\bar{a}\,\bar{b}\,c\,\bar{d}$	$\bar{a}\,b\,c\,\bar{d}$	$a\,b\,c\,\bar{d}$	$a\,\bar{b}\,c\,\bar{d}$

Términos Minterms

$_{cd}\backslash^{ab}$	00	01	11	10
00	$a+b+c+d$	$a+\bar{b}+c+d$	$\bar{a}+\bar{b}+c+d$	$\bar{a}+b+c+d$
01	$a+b+c+\bar{d}$	$a+\bar{b}+c+\bar{d}$	$\bar{a}+\bar{b}+c+\bar{d}$	$\bar{a}+b+c+\bar{d}$
11	$a+b+\bar{c}+\bar{d}$	$a+\bar{b}+\bar{c}+\bar{d}$	$\bar{a}+\bar{b}+\bar{c}+\bar{d}$	$\bar{a}+b+\bar{c}+\bar{d}$
10	$a+b+\bar{c}+d$	$a+\bar{b}+\bar{c}+d$	$\bar{a}+\bar{b}+\bar{c}+d$	$\bar{a}+b+\bar{c}+d$

Términos Maxterms

Cuando se vaya a representar una ecuación en forma minterms, se pondrá un "1" en la casilla correspondiente a cada término. Por el contrario, si se representa en forma maxterms, colocaremos un "0" en la casilla correspondiente a cada término.

Hay que tener en cuenta que, al representar una ecuación Booleana, ésta tiene que estar en su forma canónica (minterms o maxterms) completa y, por tanto, todos los términos han de contener todas las variables que intervienen en la función.

Simplificación de ecuaciones en tablas de Karnaugh

El principio de simplificación de las tablas se basa en una de las leyes del álgebra de Boole.

$$a \cdot b + a \cdot \overline{b} = a$$

Como se puede observar en la tabla anterior, todas las casillas contiguas, según los ejes coordenados, se caracterizan por diferenciarse sólo en una variable, que se encuentra negada en una de ellas y sin negar en la otra. Esta característica, que se cumple en todas las tablas, permite aplicar de una forma automática la ley anterior, consiguiendo así simplificar las casillas contiguas por sus variables comunes.

El proceso de simplificación consta de las siguientes etapas:

1º.- Se hace una tabla de 2n celdillas (siendo n el número de variables de entrada) y se epigrafía con el código Gray.

2º.- Se numeran los términos de la ecuación y este número de referencia se coloca en la celdilla cuya epigrafía corresponda al término considerado. Cuando se desea simplificar una función desde su tabla de verdad, no es preciso obtener previamente la ecuación de la función sin simplificar para seguidamente representarla en la tabla y proceder a su simplificación. En la práctica, se suele representar la función, directamente desde la tabla de verdad al mapa de Karnaugh, sin más que ir colocando los unos o los ceros en las casillas correspondientes a los valores que toma la función para cada una de las combinaciones binarias de las variables que forman dicha función.

3º.- Se enlazan con un bucle los grupos de 2, 4, 8, celdillas (potencias de 2) ocupadas si son adyacentes no oblicuas. Cada celdilla puede formar parte de más de un bucle. Se considera que los lados opuestos de la tabla se están tocando como si su superficie formara un toroide. Se debe procurar conseguir grupos del máximo número de casillas

4º.- Los términos agrupados por los bucles son simplificables entre sí y cada grupo dará lugar a un solo término, que se obtiene por la regla siguiente:
 Regla:
Cada bucle proporciona un término que contiene las variables que no invierten a lo largo de todo el dominio del bucle.
Las variables epigrafiadas con "0" llevarán la barra de inversión.

Ejemplo: Simplificar la siguiente ecuación.

$$S = A\,B\,\overline{C}\,\overline{D} + A\,B\,\overline{C}\,D + \overline{A}\,\overline{B}\,C\,D + \overline{A}\,\overline{B}\,C\,\overline{D} + \overline{A}\,B\,C\,\overline{D} + A\,B\,C\,\overline{D} + \overline{A}\,B\,C\,D$$

  1   2   3   4   5   6   7

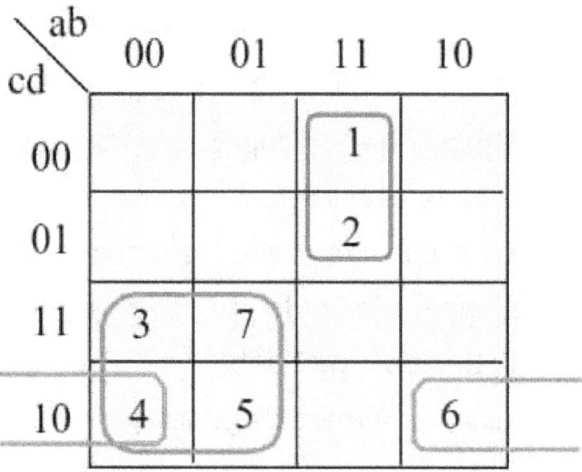

El bucle 1-2 proporciona el término:

$$A\,B\,\overline{C}\,\overline{D}$$

$$A\,B\,\overline{C}\,D \qquad \Rightarrow A\,B\,\overline{C}$$

El bucle 3-7-4-5 proporciona el término:

$$\overline{A}\,\overline{B}\,C\,D$$

$$\overline{A}\,B\,C\,D$$

$$\overline{A}\,\overline{B}\,C\,\overline{D} \qquad \Rightarrow \overline{A}\,C$$

$$\overline{A}\,B\,C\,\overline{D}$$

El bucle 4-6 proporciona el término:

$$\overline{A}\,\overline{B}\,C\,\overline{D}$$

$$\overline{A}\,\overline{B}\,C\,\overline{D} \qquad \Rightarrow \overline{B}\,C\,\overline{D}$$

Luego el resultado es:

$$S = A\,B\,\overline{C} + \overline{B}\,C\,\overline{D} + \overline{A}\,C$$

Ejemplo 2: Dada la tabla de verdad de una función, obtener la ecuación más simplificada.

a	b	c	F
0	0	0	1
0	0	1	1
0	1	0	0
0	1	1	0
1	0	0	1
1	0	1	1
1	1	0	1
1	1	1	1

Un punto a tener en cuenta al simplificar una función Booleana desde su tabla de verdad es si debemos representar la ecuación bajo la forma de minterms o maxterms. La norma práctica consiste en representar la ecuación en la forma canónica que menos términos tenga en la salida de dicha tabla.

Esta norma no impide que a veces se obtengan ecuaciones más simplificadas representando la forma canónica que más términos tiene en la tabla de verdad.

En este ejemplo, representaremos la forma canónica maxterms por ser la de menos términos en la tabla de verdad.

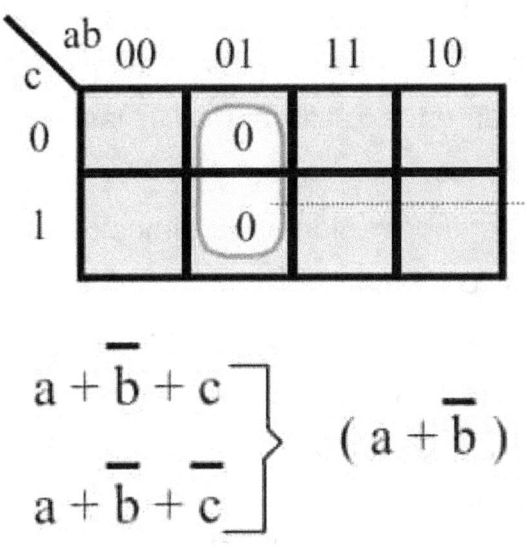

$$\left.\begin{array}{c} a + \bar{b} + c \\ \\ a + \bar{b} + \bar{c} \end{array}\right\} \quad (\, a + \bar{b}\,)$$

Siendo la simplificación final de la función

$$F = a + \bar{b}$$

Estados indiferentes

En algunos casos existen combinaciones de variables de entrada que, por razones tecnológicas o de programa, no se pueden producir, o bien nos encontramos con alguna salida inhibida, aunque exista la combinación de entradas que pueda producirla.

A estas combinaciones de entrada que, apareciendo en la tabla de verdad de funcionamiento del circuito, no producen en la salida ni 0 ni 1, las denominamos combinaciones indiferentes y se representan en la tabla de verdad mediante los símbolos X o φ. A su vez estas combinaciones indiferentes dan lugar a términos indiferentes, que pueden ser representados en las tablas de Karnaugh y se los puede considerar bien como 0 o como 1, según convenga para la simplificación.

Ejemplo: Simplificar por Karnaugh la función definida en la siguiente tabla de verdad.

a	b	C	F
0	0	0	X
0	0	1	1
0	1	0	0
0	1	1	1
1	0	0	0
1	0	1	1
1	1	0	0
1	1	1	X

Si analizamos la tabla, comprobamos que el número de términos minterms es igual al número de términos maxterms. En estos casos debe intentar simplificarse por ambos tipos de ecuaciones y decidir cuál de los resultados es el más simplificado.

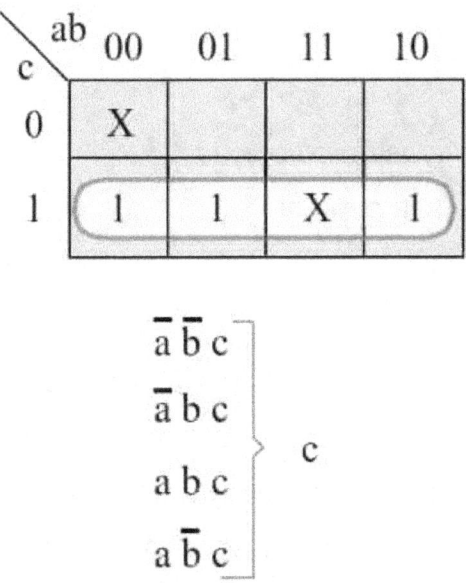

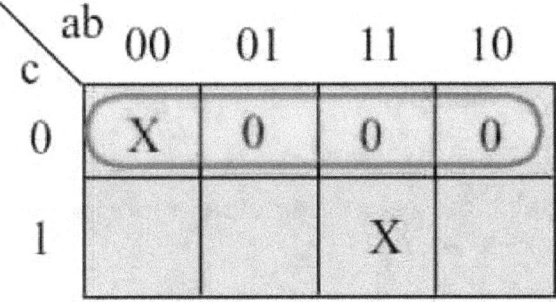

$$\left.\begin{array}{l} a + b + c \\ a + \overline{b} + c \\ \overline{a} + \overline{b} + c \\ \overline{a} + b + c \end{array}\right\} \quad c$$

Azares o " Aleas tecnológicas "

Teóricamente la expresión

$$F = \overline{A} + A = 1$$

es totalmente cierta, pero en la práctica, debido a las características de los elementos utilizados en la conmutación, se puede producir un estado transitorio, conocido por azar o " alea tecnológica ", durante el cual,

$$F = \overline{A} + A = 0$$

Veamos un ejemplo:

Si materializamos con contactos la función

$$F = \overline{A} + A$$

resulta el circuito siguiente:

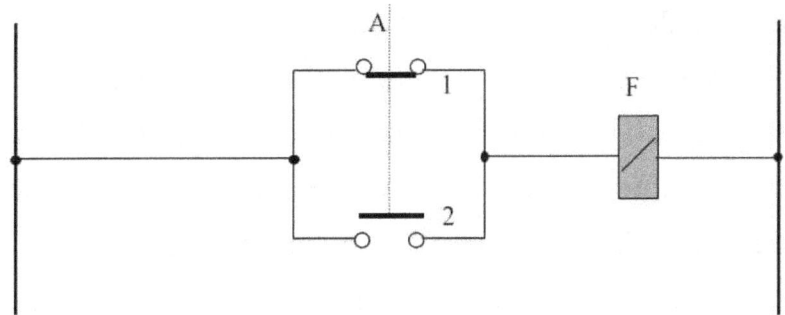

Puede verse que, al conmutar A, antes de cerrarse el contacto 2 se abre el contacto 1; por tanto, existe un pequeño intervalo de tiempo durante la conmutación en el que,

$$F = \overline{A} + A = 0$$

La duración de este transitorio es del orden de milisegundos en los contactores eléctricos y del orden de nanosegundos en los elementos electrónicos.

Si el receptor es de respuesta lenta no acusará este fenómeno, sin embargo, el citado transitorio puede ocasionar el disparo no deseado de un biestable, un contactor, etc., dando lugar a una maniobra no prevista en el diseño.

La forma de eliminar los azares al simplificar una función por las tablas de Karnaugh, es añadir a los términos obtenidos de los bucles normales, otros términos derivados de nuevos bucles que solapen las celdillas adyacentes pertenecientes a bucles normales distintos. Otra solución si el circuito se materializa con puertas lógicas consiste en poner un condensador entre la salida del circuito y masa para filtrar los impulsos transitorios.

Asimismo, existen sensores electromecánicos (como pulsadores) que cierran el contacto abierto antes de abrirse el contacto cerrado.

En expresiones del tipo A A = 0   también cierta, teóricamente, se puede presentar un fenómeno análogo y su solución es semejante

Tablas de Quine-Mc Cluskey

Cuando las ecuaciones tienen 5 o más variables es complicado utilizar las tablas de Karnaugh, siendo el método de Quine-Mc Cluskey el más idóneo. Consiste este método en ordenar según el número de "1" que tengan las combinaciones de variables que cumplen la ecuación. A continuación, se buscan las combinaciones que, comparadas con los grupos adyacentes, con un "1" más o menos, difieran solo en una variable, que en una combinación estará negada y en la otra sin negar, eliminándose la misma. La función Booleana a simplificar ha de venir expresada bajo la forma minterms.

El proceso de simplificación de ecuaciones se lleva a cabo a través de una serie de operaciones, obteniéndose las siguientes tablas:

Tabla de agrupamientos base.

Tabla de agrupamientos de orden: primero, segundo, tercero, etc.

Tabla reductora final.

Para poder comprender el proceso de reducción, veamos un ejemplo. Supongamos que se desea simplificar la ecuación (representada en este caso en forma algebraica):

$$X = \overline{AB}\overline{C} + \overline{A}CD + \overline{AB}C\overline{D} + ACD$$

1ª Fase. - Todos los términos de la ecuación lógica han de contener todas las variables (es decir la ecuación debe representarse en su forma canónica). Los términos que carezcan de alguna variable, ésta se incluye realizando la operación AND del término por la variable directa más la variable negada:

teniendo en cuenta que

$$(U + \overline{U}) = 1$$

Al aplicar esta regla en nuestro ejemplo, se obtiene:

$$X = \overline{A}B\overline{C} (D+\overline{D}) + \overline{A}CD (B+\overline{B}) + \overline{A}BC\overline{D} + ACD (B+\overline{B})$$

$$X = \overline{A}B\overline{C}\overline{D} + \overline{A}B\overline{C}D + \overline{A}\overline{B}CD + \overline{A}B\overline{C}D + \overline{A}BC\overline{D} + A\overline{B}CD + AB\overline{C}D$$

2ª Fase: Se determina el " índice " de cada término, siendo dicho índice el número de variables sin negar, o de valor "1", que contenga el término.

Así, por ejemplo, el primer término:

$$\overline{A}B\overline{C}D$$

(0101) tiene de índice 2 y le corresponde el valor decimal de 5, obteniéndose por este procedimiento la tabla de agrupamientos base, que representaremos ordenada de menor a mayor por su índice.

Término	Estado de las Variables	Valor decimal	Índice
$A\bar{B}\bar{C}D$	0100	4	1
$\bar{A}\bar{B}CD$	0011	3	
$\bar{A}B\bar{C}D$	0101	5	2
$\bar{A}BC\bar{D}$	0110	6	
$\bar{A}BCD$	0111	7	3
$A\bar{B}CD$	1011	11	
ABCD	1111	15	4

3ª Fase: Se forma una segunda tabla de agrupamientos de primer orden.

Esta tabla se obtiene combinando los términos expresados en la tabla de agrupamientos base, siguiendo la siguiente regla:

"Los términos a combinar no difieren entre sí, más que en el estado de una de las variables, la cual será sustituida por un guion".

Términos combinados (valor decimal)	Combinación	Índice
(4, 5)	010-	
(4, 6)	01-0	1
(5, 7)	01-1	
(3, 7)	0-11	
(3, 11)	-011	2
(6, 7)	011-	
(7, 15)	-111	
(11, 15)	1-11	3

4ª Fase: Se forma una nueva tabla de agrupamientos de segundo orden. Las nuevas combinaciones dispondrán por lo tanto de dos guiones, uno correspondiente a la lista anterior más el de la nueva variable que cambia de estado en la nueva tabla. Cuando en una tabla aparecen términos repetidos, se pueden eliminar, si bien, conservando siempre su procedencia.

Términos combinados (valor decimal)	Combinación	Índice
(4, 5) , (6, 7)	01--	
(4, 6) , (5, 7)	01-- (Se elimina)	1
(3, 7) , (11, 15)	--11	
(3, 11) , (7, 15)	--11 (Se elimina)	2

El proceso de reducción debe realizarse hasta que no sea posible realizar más agrupamientos; obteniéndose en ese momento la tabla reductora final

5ª Fase: Se forma la tabla reductora final con los agrupamientos de orden superior realizados.

Si con ellos no están cubiertos todos los términos de la tabla de agrupamientos base, se añadirán agrupamientos del orden inmediatamente inferior, y así sucesivamente, hasta que estén cubiertos todos los términos.

A	B	C	D		3	4	5	6	7	11	15
0	1	-	-			X	X	X	X		
-	-	1	1		X					X	X

La ecuación simplificada se forma mediante la suma lógica de los términos no eliminados, empleando el convenio de las ecuaciones minterms (0 = variable negada y 1 = variable sin negar), de manera que todos los términos de la tabla de agrupamientos base estén incluidos.

Por tanto, en nuestro caso la ecuación final es:

$$X = \overline{A}B + CD$$

Tema 4
Grafcet

Introducción

Los métodos de síntesis basados en automatismos vistos en los textos de electrónica digital son adecuados bajo el punto de vista pedagógico. Sin embargo, su adecuación resulta poco eficaz cuando el número de variables de entrada supera el número de 5 o 6.

Teniendo en cuenta que, en los procesos industriales reales, el número de entradas/salidas puede ser de varios millares, resulta obvio que deben buscarse métodos de diseño más eficaces y adecuados para la síntesis de dichos sistemas basados en automatismos.

En este módulo temático se trata el método de diseño mediante el Diagrama de Mando Etapa-Transición (GRAFCET) (Graphe Fonctionnel de Commande Etapes Transitions), por ser de gran utilidad y creciente implantación en los dispositivos controladores lógicos programables industriales, si bien resulta igualmente eficaz para el diseño de automatismos basados en lógica cableada.

El Grafcet

Se trata de un método de análisis y diseño de los sistemas basados en automatismos, derivado de las Redes de Petri y desarrollado por la Asociación Francesa para la Cibernética, Economía y Técnica (AFCET) y por la también francesa Agencia para el Desarrollo de la Producción Automatizada. La norma francesa UTE NF C030-190 precisa los principios del Grafcet y codifica sus símbolos. La norma alemana DIN 40719 propone un lenguaje gráfico idéntico en sus principios, pero ligeramente diferente en su forma. El Grafcet fue homologado en el año 1988 por la Comisión Electrotécnica Internacional (Norma IEC 848). Una de las características a destacar en los automatismos, sobre todo en los dedicados al control de medianos y grandes procesos industriales, es el elevado número de variables de entrada que en ellos intervienen. A consecuencia de ello, los métodos clásicos de análisis vistos tradicionalmente en la electrónica digital se muestran inadecuados para su tratamiento, ya que la intervención de más de 5 o 6 variables de entrada complica sobremanera su resolución.

En los Controladores Lógicos Programables, y en general en la implementación de dispositivos basados en lógica programada no resulta ya rentable buscar una ley de mando con un número mínimo de "puertas lógicas". El coste de dicha búsqueda excede al de la memoria disponible en el dispositivo programable, ya que ésta experimenta abaratamientos constantes debidos a los altos niveles de integración alcanzados con los avances tecnológicos en la microelectrónica.

El Grafcet no busca la minimización de las funciones lógicas que representan la dinámica del sistema, bien al contrario, su poder radica precisamente en que impone una metodología rigurosa y jerarquizada de solución en los problemas, evitando así las incoherencias, los bloqueos o los conflictos durante el funcionamiento del automatismo.

Habría que destacar además en este método ciertas cualidades tales como:
 * Claridad
 * Legibilidad
 * Presentación sintética

Principios básicos

El Grafcet es un diagrama funcional que describe la evolución del proceso que se pretende automatizar, indicando las acciones que hay que realizar sobre el proceso y que informaciones las provocan.

Accesible tanto para el usuario como para el diseñador, facilita la comunicación y el diálogo entre las personas implicadas en el automatismo, tanto en el momento del análisis del proceso a automatizar, como posteriormente en el mantenimiento y reparación de averías.

El Grafcet es independiente de las técnicas secuenciales " todo o nada ", neumática, eléctrica o electrónica, cableadas o programadas, pudiendo utilizarse para realizar el automatismo de mando, pero la utilización de secuenciadores, por una parte, y de autómatas programables por otra, permite una transcripción directa del diagrama funcional.

Entre sus principales características podemos destacar que:

* Ofrece una metodología de programación estructurada " top-Down " (de forma descendente)

que permite el desarrollo conceptual de lo general a lo particular.

* Introduce un concepto de "tarea " de forma jerarquizada.

El proceso se descompone en etapas, que se activarán unas después de otras.

A una etapa se asocian una o varias acciones. Estas acciones no son efectivas más que en la etapa que es activa.

Una etapa se activa si la etapa precedente está activa y si la condición lógica o receptividad asociada a la transición de etapa se verifica.

El cumplimiento de esta transición provoca la activación de la etapa siguiente y la desactivación de la etapa anterior

Ejemplo:

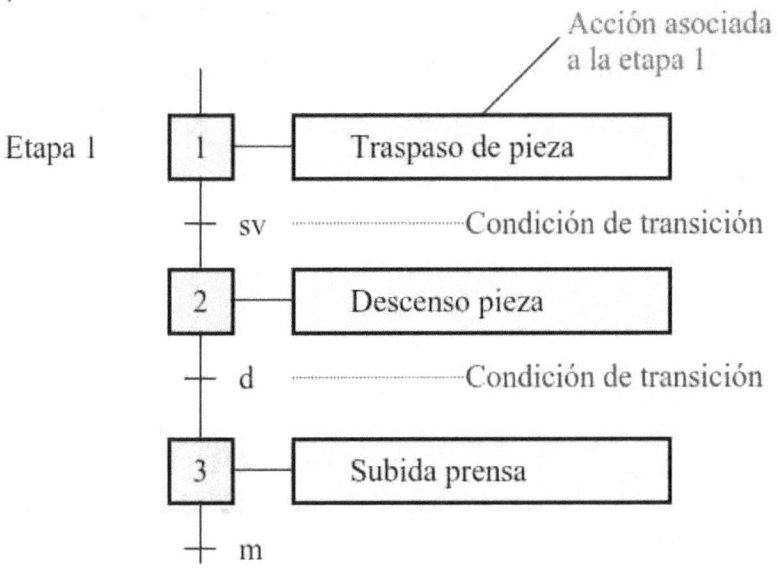

Con el fin de definir el cuaderno de cargas de un equipo, el Grafcet se utiliza en 2 niveles:

Nivel 1 Permite comprender lo que debe hacer el automatismo, de cara a las diferentes situaciones que puedan presentarse.

Nivel 2 Estando hecha la elección tecnológica, establece la descripción de las precisiones necesarias para la realización práctica del equipo.

El ejemplo que se da a continuación muestra la ayuda aportada a lo largo del estudio por el empleo del Grafcet: El Grafcet del ciclo se va determinando a medida que se eligen las tecnologías a emplear (accionadores, captadores, preaccionadores, etc.) evolucionando del Grafcet funcional al Grafcet de mando.

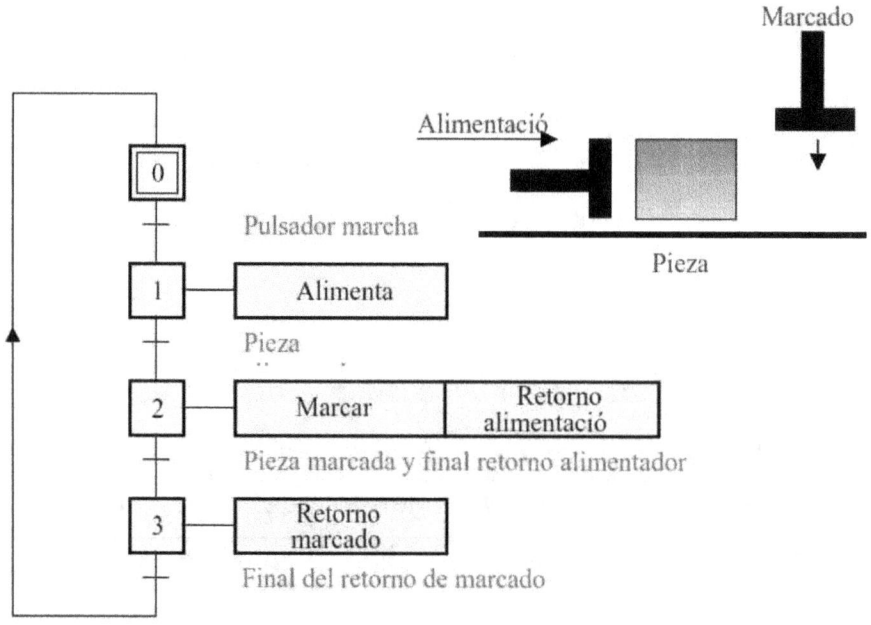

1.- Desde el pliego de condiciones, el Grafcet determina el ciclo ordenando las funciones a realizar, estando estas últimas expresadas de forma literal.

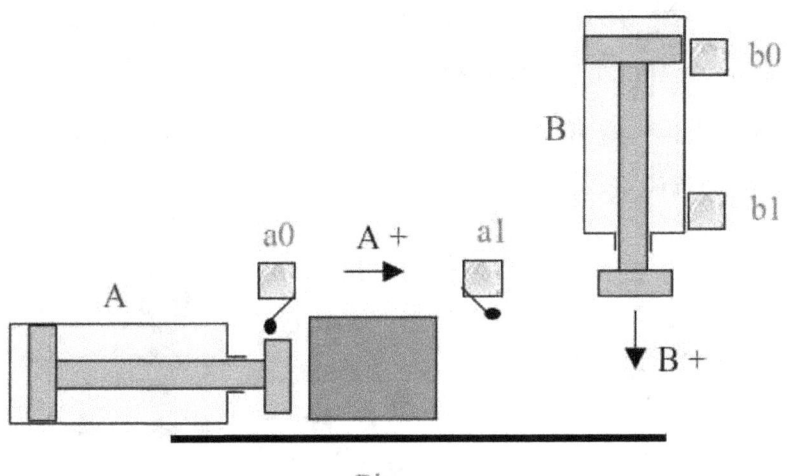

2.- Escogidos los accionadores (cilindros A y B), el Grafcet utiliza entonces los símbolos de movimientos (A+, A-, ...) y las referencias de los captadores de fin de carrera (a0, a1, ...).

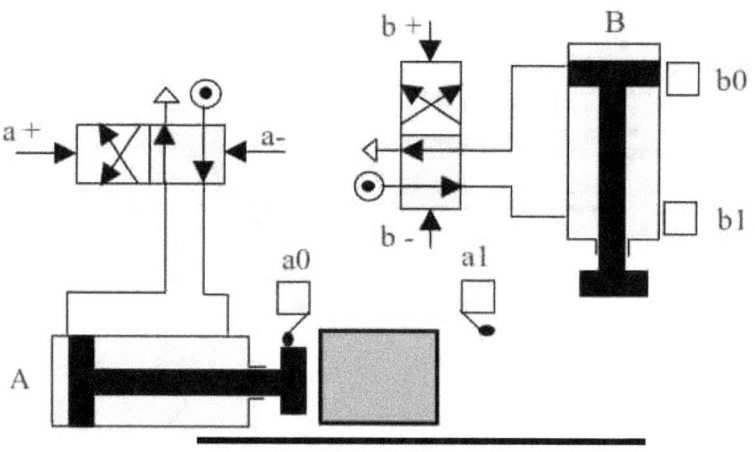

Pieza

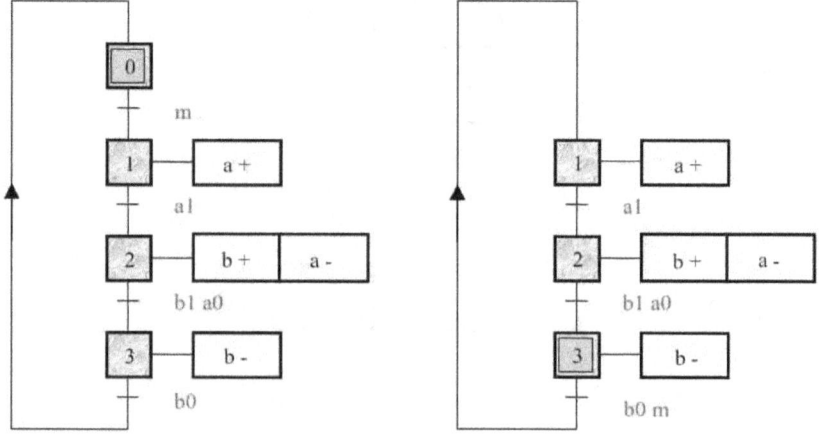

3.- Escogidos los preaccionadores (distribuidores biestables en este caso) el Grafcet determina entonces las señales emitidas (a+, a-...) o recibidas (a0, a1...) por la parte de mando.

4.- Finalmente, comprobando que pueden mantenerse los retornos de los cilindros, se utiliza la última etapa 3, como etapa inicial, suprimiendo así la etapa 0.

Definición de conceptos y elementos gráficos asociados

Etapa

Se define a la Etapa como la situación del sistema en la cual todo o una parte del órgano de mando es invariante con respecto a las entradas/salidas del sistema automatizado.

Una etapa corresponde a un periodo de funcionamiento del automatismo de mando, durante el cual, en espera de la satisfacción de una receptividad, las acciones engendradas y la receptividad del sistema no varían.

La receptividad representa la facultad para el automatismo, de distinguir entre todas las informaciones que le llegan, únicamente aquellas que deben modificar su comportamiento en un instante dado.

Durante el desarrollo del proceso, las Etapas se activan unas después de otras. Entre estas etapas, la primera se activa inicialmente al principio del funcionamiento.

Gráficamente la Etapa, se representa por un cuadrado que se numera en su interior, dando de esta manera una secuencialidad a las etapas representadas. Igualmente, la numeración puede representarse por la letra E con un número como subíndice.

En ambos casos el número indica el orden que ocupa la etapa dentro del Grafcet. Para distinguir el comienzo del Grafcet, la primera etapa (etapa de inicialización) se representa con un "doble cuadrado".

Representación de etapas iniciales

Acción asociada

La acción o acciones elementales a realizar durante la etapa en el sistema, vienen indicadas mediante las etiquetas, que son rectángulos conectados a las etapas y situados a la derecha de las mismas.

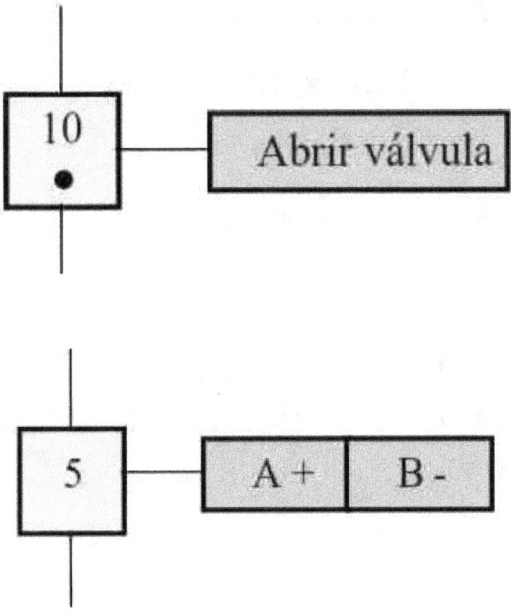

Estas acciones elementales, pueden ser clasificadas como sigue:

*   Reales: Se trata de acciones concretas que se producen en el automatismo, tales como abrir/cerrar una válvula, arrancar/parar un motor, etc. A su vez se clasifican en:

Internas: Son acciones que se producen en el interior del dispositivo de control, tales como temporizaciones, conteos etc.

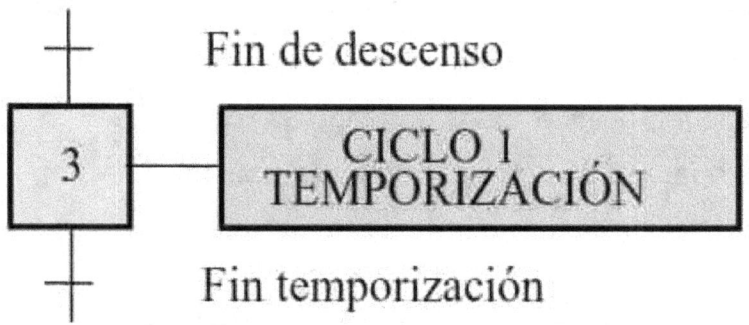

Externas: Se producen sobre el proceso en sí.

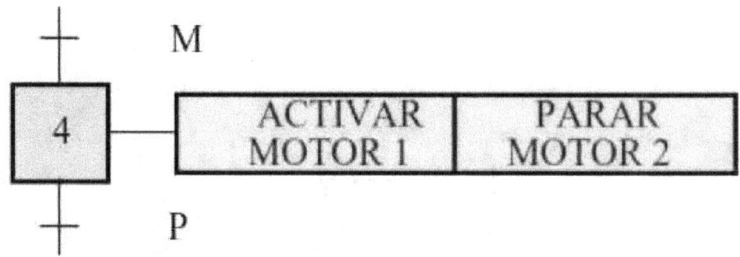

Virtuales: No se realiza ninguna acción sobre el sistema. Suelen utilizarse como situaciones de espera a que se produzcan determinados eventos (activación de determinadas señales) que permitan la evolución del proceso. En estas etapas la etiqueta está vacía o sin etiqueta.

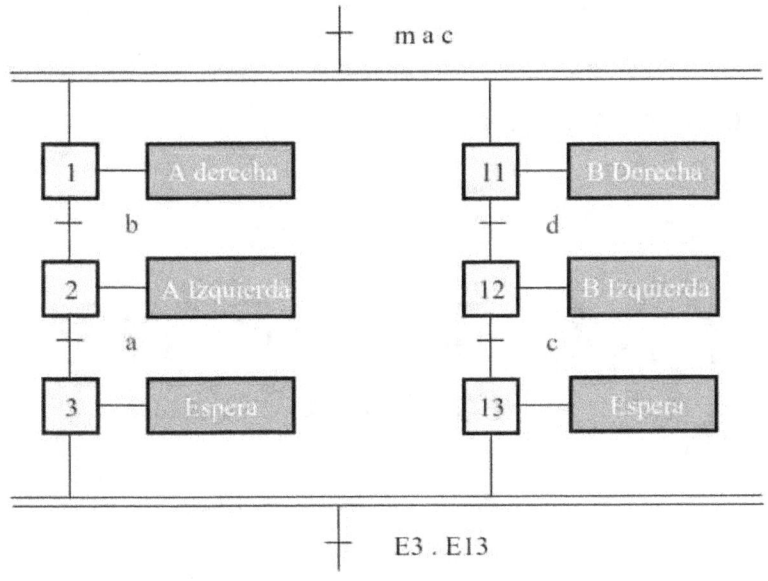

Cuando se realizan dos secuencias simultáneas, es posible que el tiempo que cada una de estas secuencias tarda en realizarse sea distinto, en función del número de tareas asociadas a las etapas, de cuando se activen las condiciones de transición, etc.

Para finalizar dos secuencias simultáneas es necesario que las etapas últimas de cada una de ellas estén activas; una o las dos pueden ser etapas de espera para que la secuencia más rápida aguarde el final de la secuencia más lenta.

Incondicionales
Son acciones que se producen con sólo quedar activadas las etapas correspondientes.

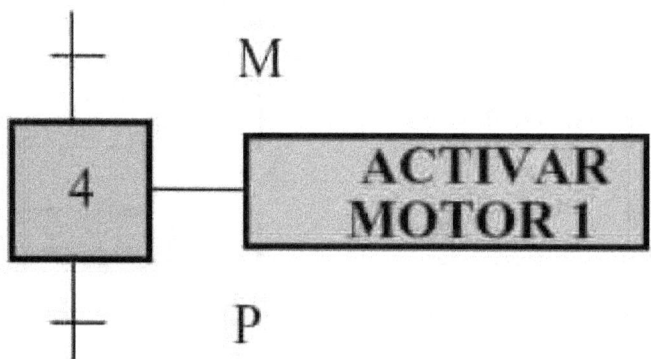

Estas acciones pueden ser activas mientras la etapa esté activa o pueden activarse en una etapa y desactivarse en otra posterior.

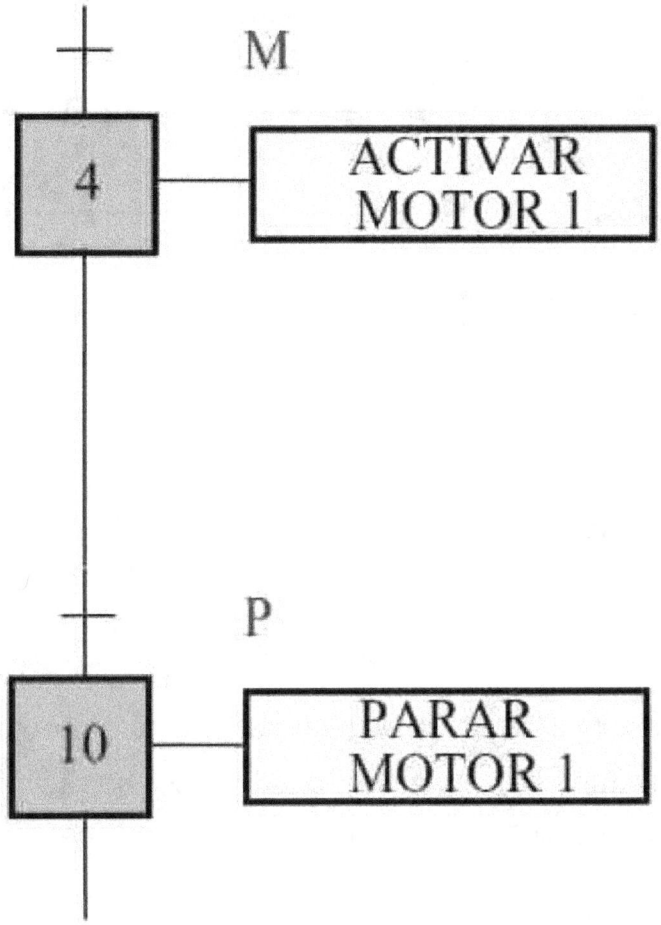

Condicionales

Son aquéllas que requieren el cumplimiento de una condición adicional a la propia activación de la etapa correspondiente.

Estas condiciones suplementarias se anotan al lado de un trazo vertical encima de la acción.

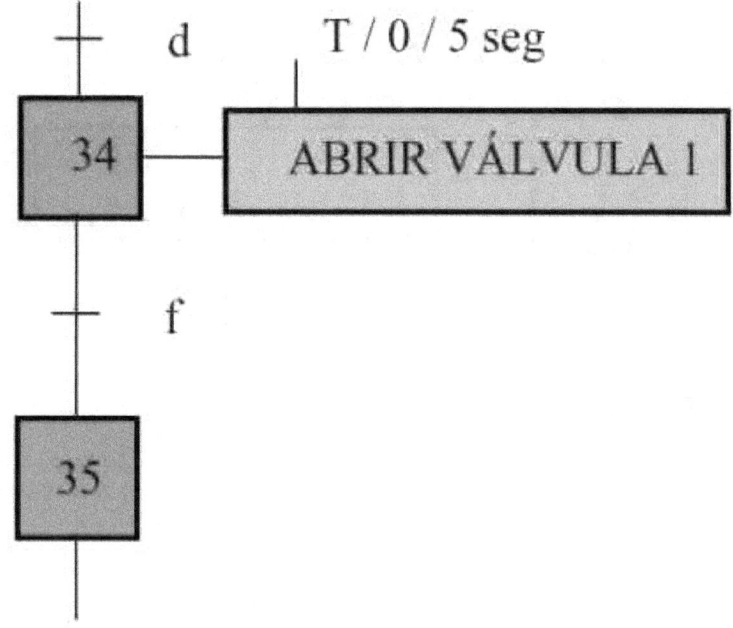

La válvula 1 se abrirá si la etapa 34 está activa y han transcurrido 5 segundos desde que se activó el temporizador T0.

Transición y receptividad

El concepto de Transición se asocia a la barrera existente entre dos etapas consecutivas y cuyo franqueamiento hace posible la evolución lógica del sistema.

A toda transición le corresponde una receptividad, que es la condición lógica necesaria para que se produzca el franqueamiento, si bien éste se producirá siempre que, además, la etapa precedente esté activa.

La condición lógica viene expresada mediante una función lógica booleana.

Si se verifica la receptividad, estando activada la etapa precedente, entonces se realiza la transición, y se produce la activación de la etapa siguiente y la desactivación de la etapa precedente.

Las receptividades se pueden expresar bajo diferentes formas:

* Captadores, fin de carrera

* Valor de contador (C = 20)

* Temperatura (800 º C)

* Nivel de velocidad (1000 r.p.m.)

* Fin de una temporización

* Resultado de una comparación (>, <, =)

* etc.

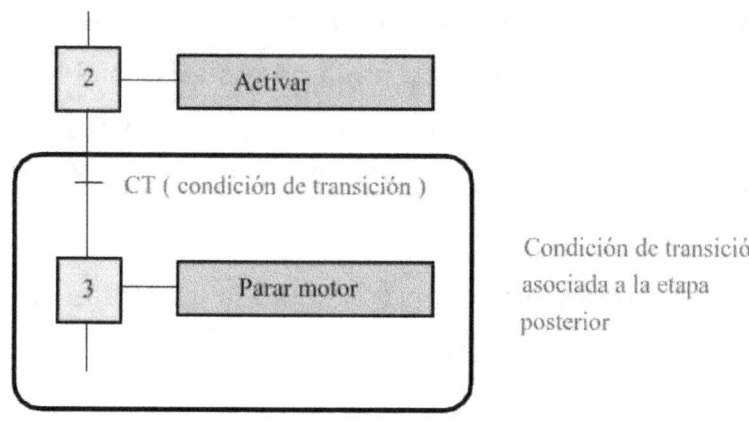

En la figura anterior hay dos etapas y una condición de transición entre ellas. Para que el proceso evolucione de la etapa 2 a la etapa 3, es necesario que la etapa 2 esté activa y además que se cumpla la activación de la condición de transición (CT); entonces se produce la activación de la etapa 3 y la desactivación de la etapa 2.

La condición de transición CT está siempre asociada a la etapa posterior, en este caso a la 3.
La condición de transición puede ser una o varias variables de las que intervienen en el proceso. Se emplea la lógica positiva, pudiendo tomar 2 valores CT = 1 y CT = 0

Ejemplo:

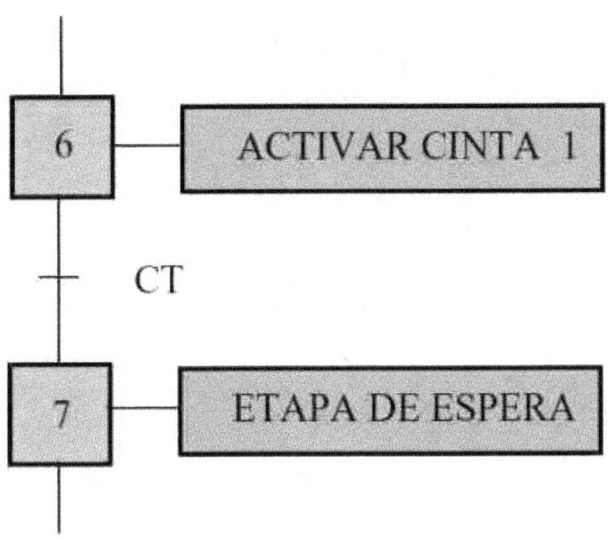

Condición de Transición	Expresión	La activación de la etapa 7 se produce
Señal "1"	CT = A	cuando A (f.d.c por ejemplo) está activo
Señal "0"	CT = Ā	cuando el f.d.c A está inactivo
Por tiempo	CT = T / 3 / 10 s.	cuando hayan transcurrido 10 segundos desde que se activó el temporizador 3
Varias variables	CT = A B̄ F1	Si las variables A y F1 están activas y la variable B está inactiva
Incondicional	CT = 1	Al activarse la etapa 6
Flanco descendente	CT = A⇓	Cuando la señal A pasa de "1" a "0"
Flanco ascendente	CT = A⇑	Cuando la señal A pasa de "0" a "1"

Arco

Un arco es un segmento de recta que une una Transición con una Etapa o viceversa, pero nunca entre elementos homónimos entre sí.

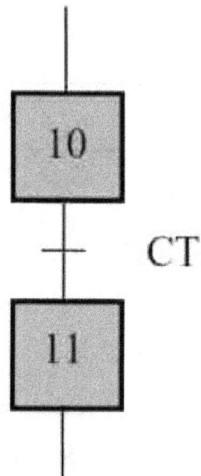

Trazos paralelos

Se utilizan para representar a varias etapas cuya evolución está condicionada por una misma transición.

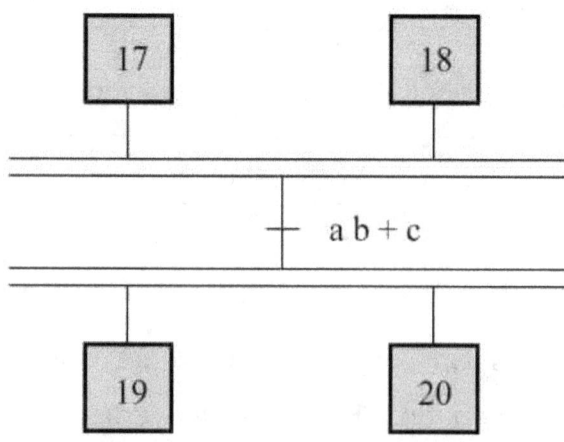

Condiciones evolutivas

La dinámica evolutiva del Grafcet viene dada por un conjunto de reglas:

* El proceso se descompone en etapas, que serán activadas de forma secuencial.

* La etapa de inicialización se activa de forma incondicional antes de que se inicie el ciclo del Grafcet. Un ciclo está formado por todas las etapas posteriores a la etapa inicial.

* Una o varias acciones se asocian a cada etapa. Estas acciones solo están activas cuando la etapa está activa.

* Una etapa se hace activa cuando la precedente lo está y la condición de transición entre ambas etapas ha sido activada.

* La activación de una condición de transición implica la activación de la etapa siguiente y la desactivación de la precedente.

Estructuras en el Grafcet

Consisten en una serie de estructuras que dotan al Grafcet de una gran capacidad de representación gráfica de los automatismos.

A grandes rasgos pueden ser clasificadas en estructuras básicas y lógicas.

Las básicas atienden a conceptos tales como secuencialidad y paralelismo y permiten realizar el análisis del sistema mediante su descomposición en subprocesos.

Las estructuras lógicas atienden a conceptos de concatenación entre sí de las anteriores estructuras

Estructuras básicas

Secuencia única

Una secuencia única está compuesta de un conjunto de etapas que van siendo activadas una tras otra, sin interacción con ninguna otra estructura.

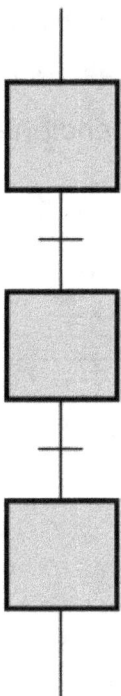

En la secuencia única, a cada etapa le sigue una sola transición y cada transición es validada por una sola etapa.

La secuencia se dice que está activa, si una de sus etapas lo está. Se dice que está inactiva si todas sus etapas lo están.

Secuencias paralelas

Se denominan secuencias paralelas al conjunto de secuencias únicas que son activadas de forma simultánea por una misma transición. Después de la activación de las distintas secuencias su evolución se produce de forma independiente.

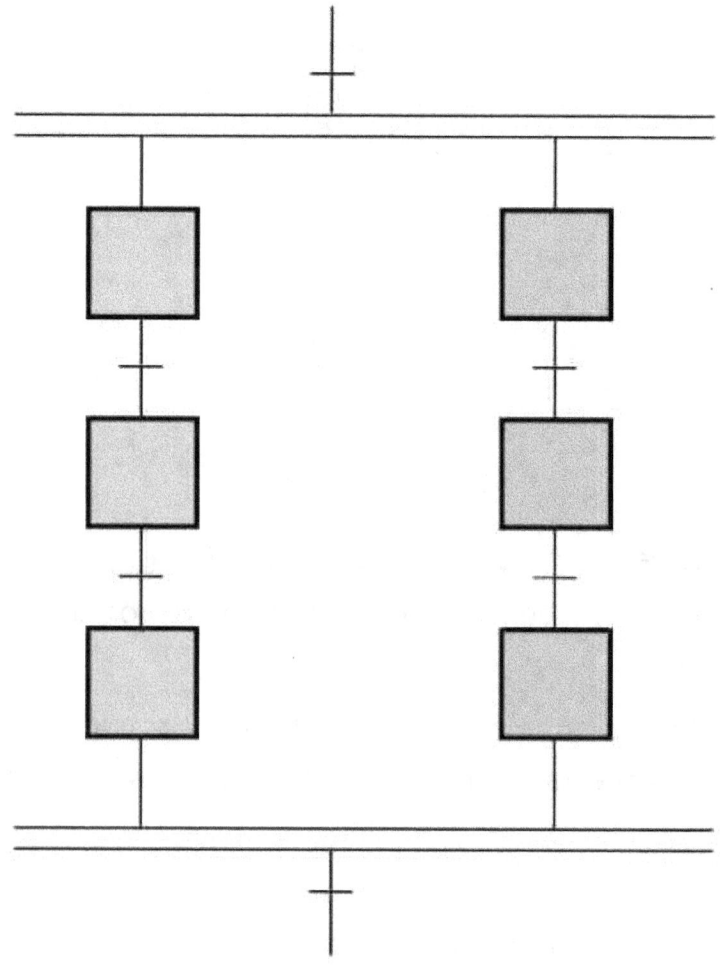

Estructuras lógicas

Las operaciones lógicas OR y AND son ampliamente utilizadas en la estructura gráfica del Grafcet, por ello pasamos seguidamente a realizar un análisis de las mismas.

Divergencia en OR

La Etapa n pasa a ser activa si estando activa la etapa n-1 se satisface la Receptividad de la Transición a.

La Etapa n+1 pasa a ser activa si, estando activa la Etapa n-1 se satisface la Receptividad de la Transición b.

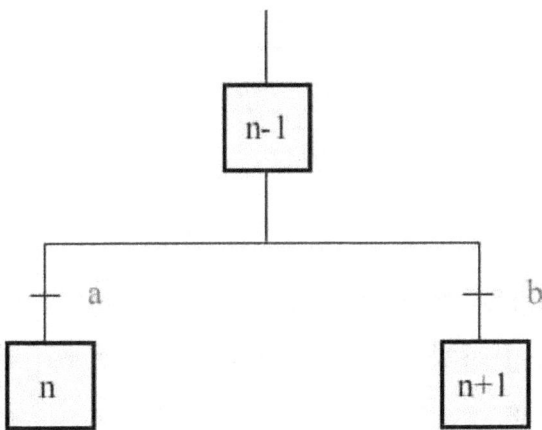

Esta estructura lógica nos permite optar por secuencias alternativas cuando la implementación del automatismo así lo requiera.

Convergencia en OR

La Etapa n pasa a ser activa, si estando activa la Etapa n-1 se satisface la Receptividad de la Transición c, o si estando activa la Etapa n-2 se satisface la Receptividad de la Transición d.

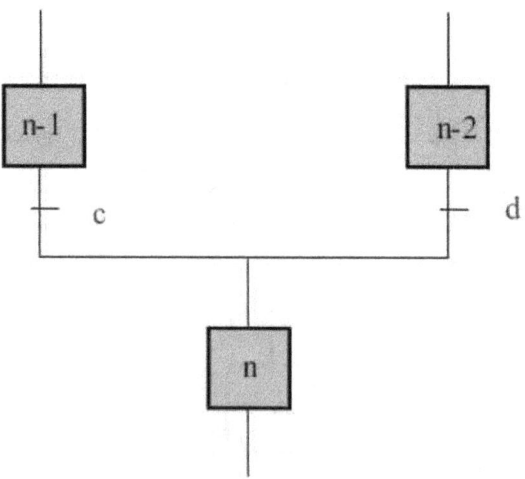

Posibilidades de utilización de estas estructuras

Un Grafcet está constituido generalmente por varias secuencias, es decir, de varios grupos de etapas a ejecutar unas después de otras y a menudo es necesario efectuar una selección exclusiva de una de estas secuencias.

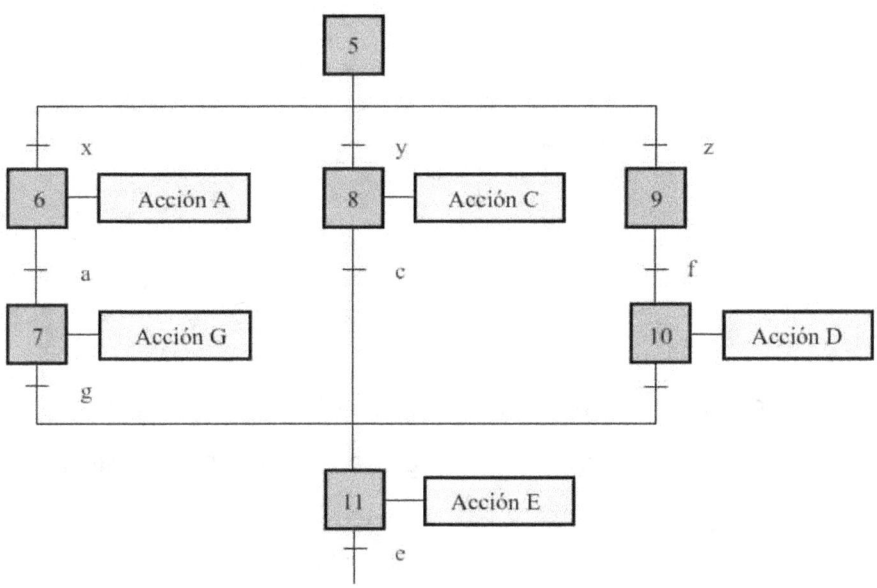

En la ramificación formada por la elección de la secuencia a realizar, las diferentes transiciones corresponden a las receptividades x, y, z siendo validadas simultáneamente por la misma etapa 5, pudiendo ejecutarse simultáneamente. En la práctica, a menudo se adoptan estas receptividades como exclusivas. Se pueden introducir prioridades igualmente.

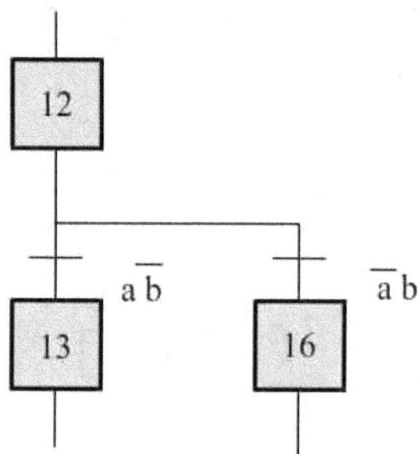

Receptividades exclusivas. Si a y b se presentan a la vez, no podrá realizarse ninguna transición a partir de la etapa 12.

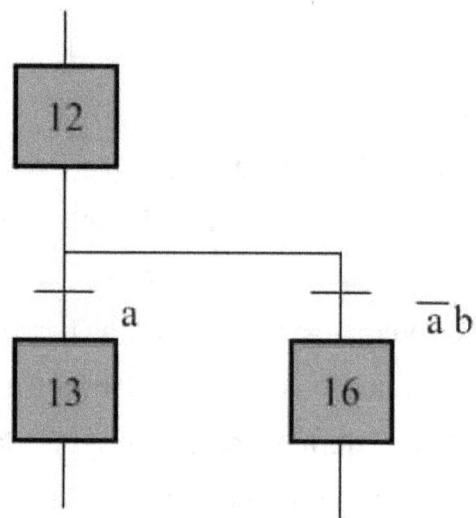

Prioridad a la receptividad a. La prioridad dada a la transición 12-13 permite ejecutar ésta si a y b se presentan a la vez.

Divergencia en AND

Las etapas n+1 y n+2 pasan al estado activo, si estando activa la etapa n se satisface la receptividad de la transición F.

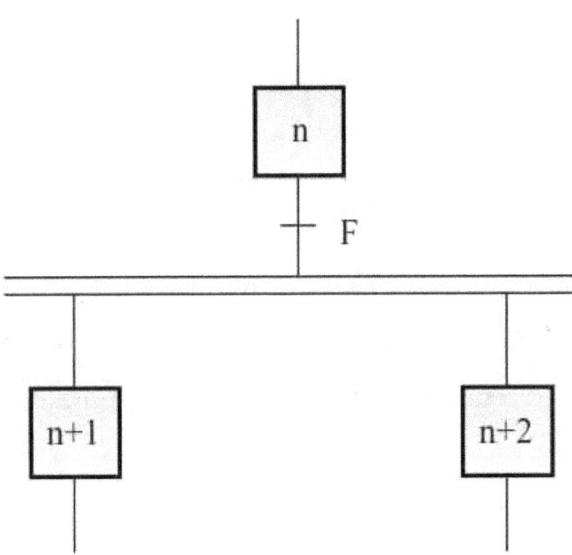

Esta estructura hace posible el disparo simultáneo de dos o más secuencias paralelas.

Convergencia en AND

La etapa n pasa al estado activo, si estando las etapas n-1 y n-2 activas, se satisface la receptividad de la transición F.

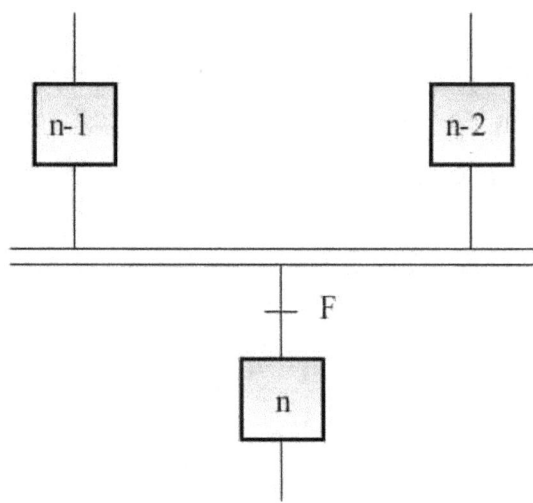

Mediante esta estructura se hace posible la convergencia de dos o más secuencias paralelas.

Saltos condicionales. Retención de secuencia

El salto condicional es una ramificación que permite saltar una o varias etapas si las acciones a realizar no son útiles, mientras que la retención de secuencia permite, al contrario, efectuar una o varias veces la misma secuencia en tanto que una condición fijada no se ha obtenido.

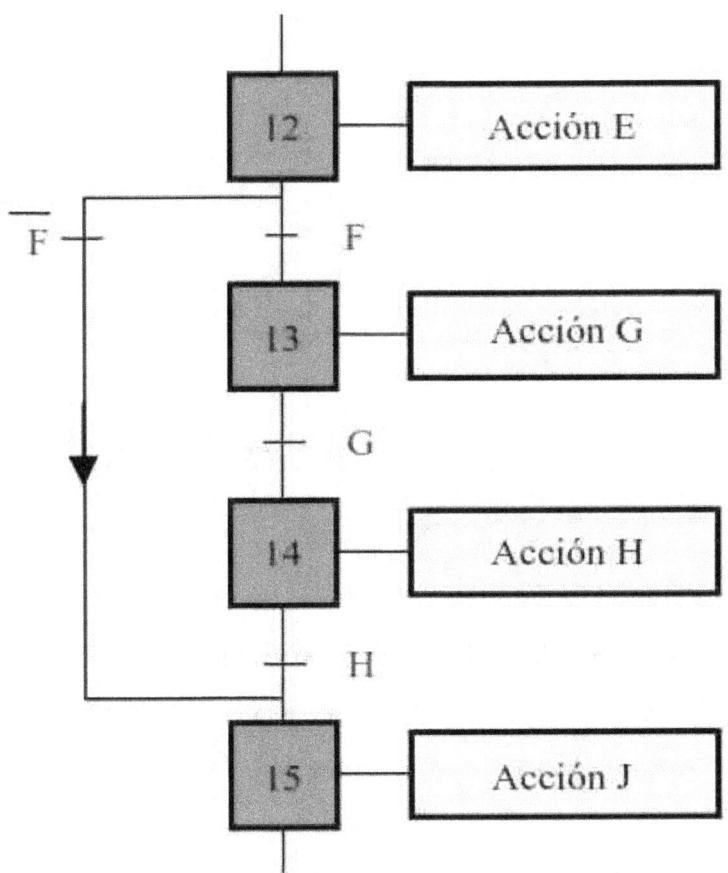

En el Grafcet de la figura se producirá un salto de la etapa 12 a la etapa 15 si la receptividad representada por la variable F es F = 0. Si F=1 se prosigue la secuencia 13, 14, 15.

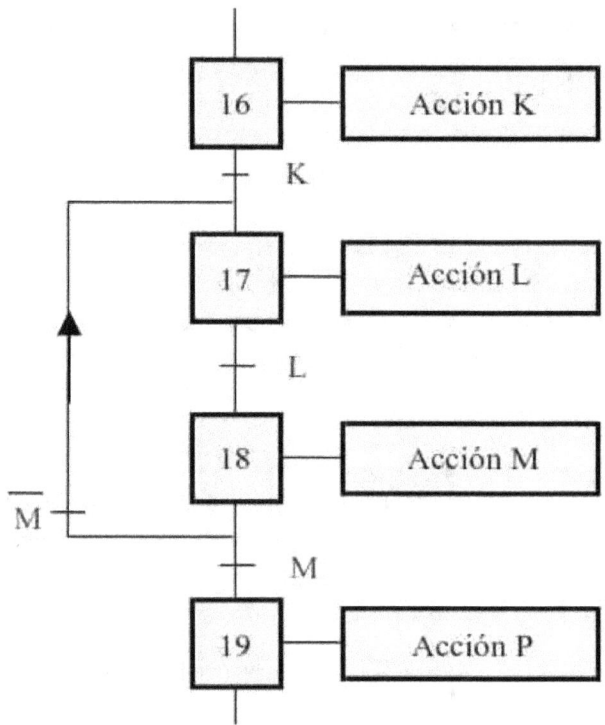

En el Grafcet de la figura, se producirá una retención de la secuencia de etapas 17, 18, mientras se mantenga el valor de la variable M en M=0.

Repetición de secuencias. Concepto de macroetapa
Un conjunto de etapas cuya aparición puede repetirse en varias ocasiones a lo largo del diagrama Grafcet, puede ser representado a través de un rectángulo con bordes verticales de doble trazo y conteniendo los números de la etapa inicial y final. De esta forma solo

habrá que detallar de manera explícita la secuencia una sola vez.

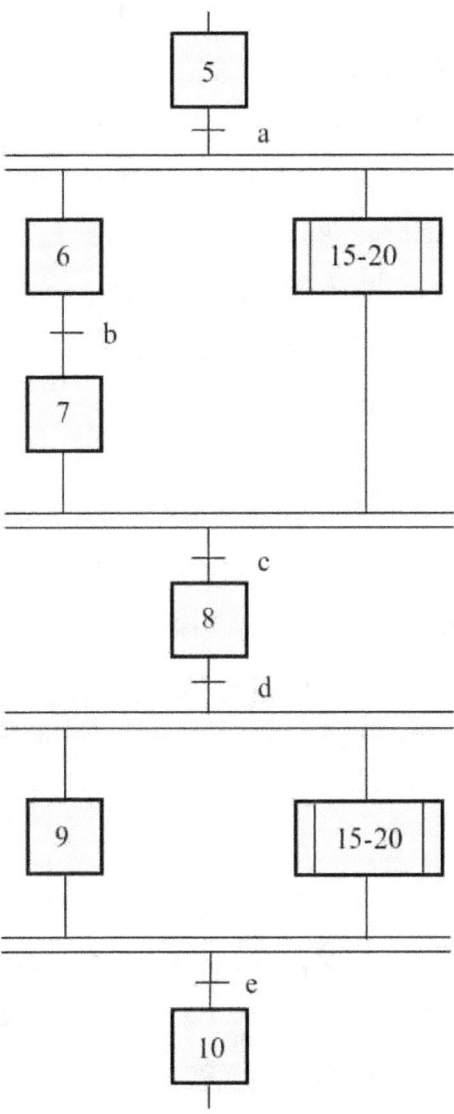

Situaciones especiales

Se tratan en este apartado, algunos modos de representación normalizada Grafcet de situaciones especiales de evolución de los sistemas, también la forma de escritura de acciones asociadas de naturaleza interna. Algunas de especial interés son:

- Evoluciones simultáneas
- Acciones y receptividades temporizadas
- Transiciones temporizadas
- Acciones mantenidas

Evoluciones simultáneas

Una de las reglas del Grafcet indica que varias transiciones simultáneamente franqueables son franqueadas simultáneamente.

Esta regla de franqueamiento simultáneo permite descomponer un diagrama Grafcet en varios diagramas asegurando de forma rigurosa sus interconexiones. Ello debe conseguirse, haciendo intervenir en las receptividades los estados activos de las etapas, de tal forma que el estado activo de la etapa " n " será representado mediante " En " y el estado inactivo mediante " En " negado.

Esta regla, permite particularmente, el franqueamiento simultáneo de transiciones validadas por etapas situadas en diagramas separados, excluyendo de esta forma, posibles ambigüedades en cuanto al franqueamiento de la transición 6 antes que la transición 14 o viceversa (ver figura).

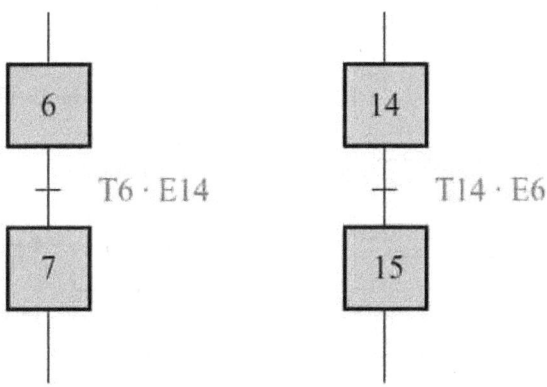

Acciones y receptividades temporizadas

Este tipo de acciones y receptividades temporizadas son de uso frecuente. En el caso de acciones temporizadas, se trata de acciones de carácter virtual, pero también pueden ser un caso particular de las acciones condicionales.

La indicación de la temporización se realiza por:

t / n / q

donde *t* representa la temporización,

n representa la etapa en que tiene lugar,

q representa el tiempo en segundos.

Su representación puede realizarse de forma que se considere la ejecución de la acción asociada durante la temporización o a partir de la temporización.

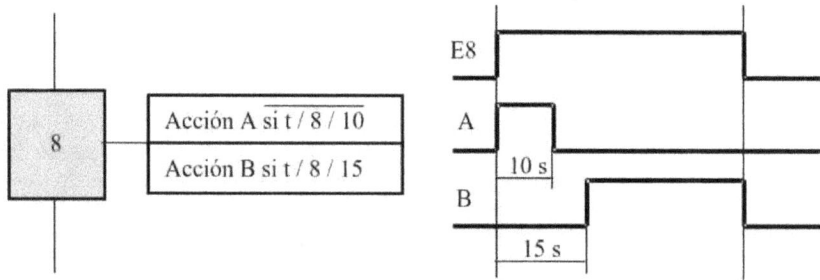

Transiciones temporizadas

Su representación se realiza de idéntica forma a lo expuesto anteriormente en las acciones temporizadas. de tal forma que, en el diagrama de la figura, la etapa nº 9 se activará transcurridos 5 segundos desde la activación de la etapa nº 8.

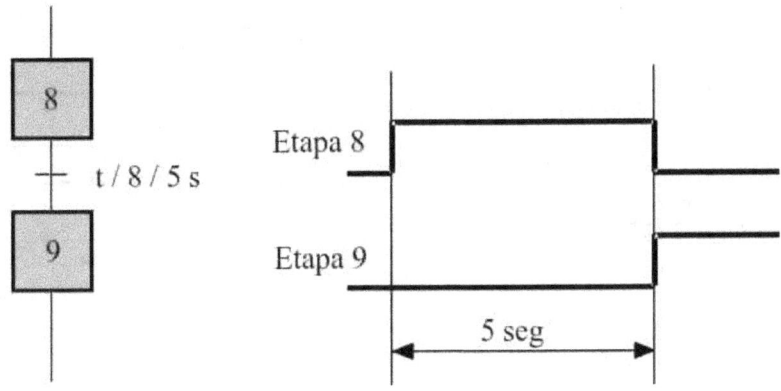

Acción mantenida

Se estudia el tratamiento a realizar con acciones cuya ejecución ha de prolongarse durante dos o más etapas consecutivas.

A este respecto pueden contemplarse mediante dos modalidades de representación:

a) Efecto mantenido por acciones continuas no memorizadas.

En este caso, la acción a mantener se repetirá en cada una de las etapas afectadas lo cual, asegura la continuidad de la operación asociada.

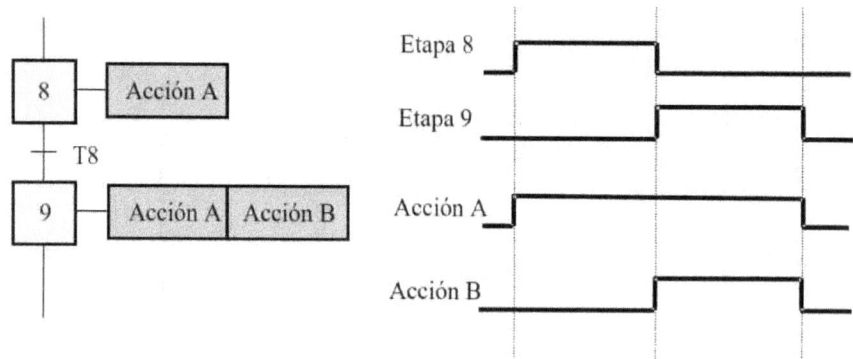

b) Efecto mantenido por acción memorizada

En este caso, las acciones se precisarán en las etapas de comienzo y final del efecto mantenido, tal y como se refleja en la figura.

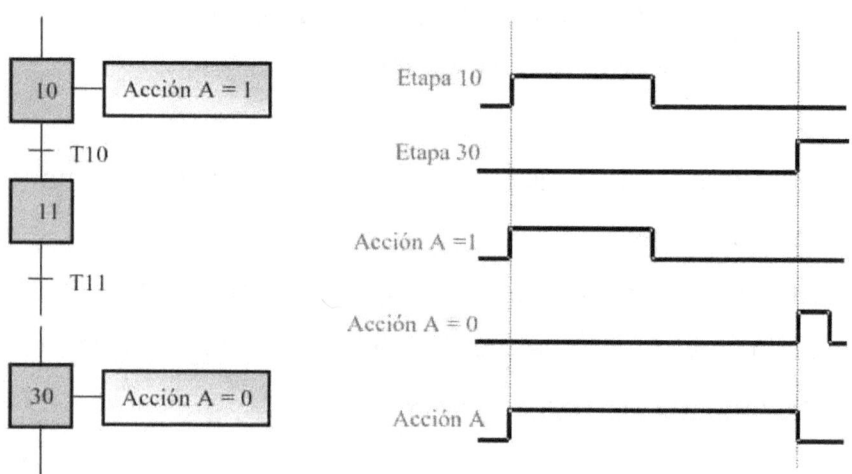

Implementación de un automatismo a través del Grafcet

La implementación de un automatismo mediante lógica programada o cableada, a partir del Grafcet se realizará teniendo en cuenta las siguientes consideraciones:

El Diagrama Grafcet, nos permite realizar una división del funcionamiento del automatismo por Etapas, y en cada una de ellas se ejecutarán, por lo general, una o más acciones asociadas.

El concepto de etapa se asociará al de una memoria binaria, que puede estar activa o inactiva según dicha memoria esté en estado lógico "1" o "0". Cuando la memoria se encuentre en estado lógico "1" se ejecutarán todas las acciones asociadas de carácter incondicional. Las acciones condicionales, deberán ejecutarse cuando además del estado lógico "1" de la memoria, se encuentre en estado lógico "1" la condición asociada.

La interacción de las diferentes etapas y la receptividad asociada a cada una de ellas se realiza a través del denominado módulo secuenciador de etapas.

Módulo secuenciador de etapa

La relación funcional existente entre etapas contiguas queda establecida por lo que se denomina el módulo secuenciador de etapa, que podemos definir como el elemento tecnológico capaz de interaccionar con su/s etapa/s anterior/es y posterior/es.

El módulo secuenciador de etapa es un concepto funcional pero también tecnológico, ya que existen en el mercado módulos secuenciadores de diversa naturaleza: eléctricos, neumáticos etc.

Dicho módulo secuenciador, básicamente está formado por una memoria binaria (biestable o relé de enclavamiento), a cuya entrada de activación se conecta una puerta AND con tantas entradas como número de etapas deban activar la citada etapa, más otra entrada para conectar la receptividad asociada.

En su entrada de desactivación lleva conectada una puerta OR, con tantas entradas como etapas cuya activación debe provocar la desactivación de la primera.

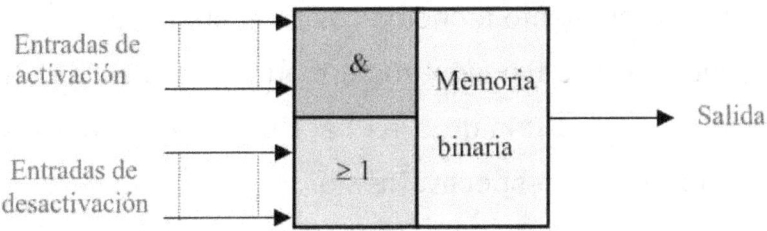

Módulo secuenciador de etapa

Su descripción gráfica se muestra en la siguiente figura, y contribuirá a clarificar la dinámica inter-etapas.

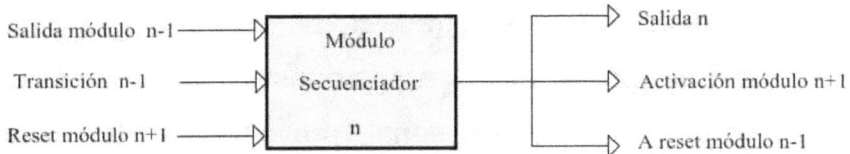

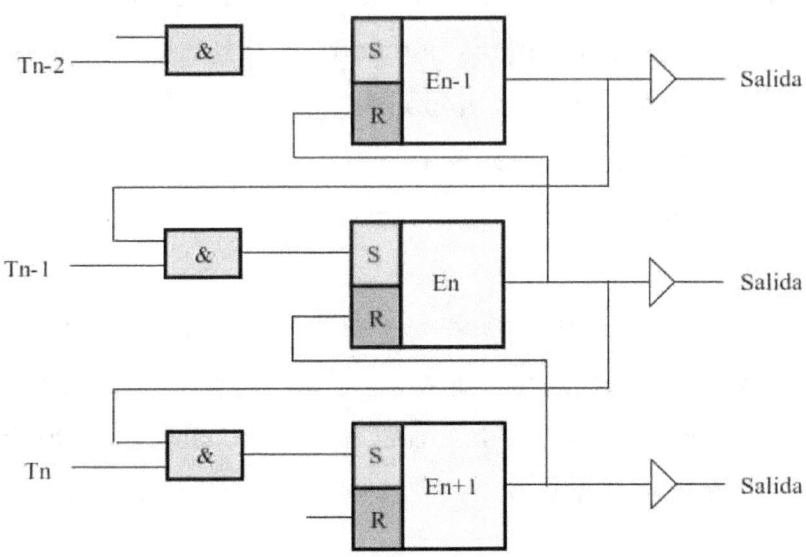

El citado elemento tecnológico, en el supuesto de una secuencia única, posee tres entradas y una salida y el objeto de cada una de ellas para un módulo de etapa de orden n, es respectivamente:

1ª Entrada: Se utiliza para hacer activable la etapa n, a través de la señal proveniente de la salida de la etapa n-1.

2ª Entrada: Se utiliza para efectuar la activación de la etapa y la señal de activación proviene del franqueamiento de la transición n-1.

3ª Entrada: Se utiliza para la puesta a cero (Reset) de la Etapa n, y la señal proviene de la salida realimentada de la Etapa n+1.

1ª Salida: Se utiliza para que realice tres funciones distintas y simultáneas que son:

 * Hacer activable la etapa n+1

 * Desactivar la etapa n-1

 * Ejecutar la orden de mando prevista

El módulo secuenciador de etapa de orden n se hace activable por el módulo n-1 y se hace activo por el franqueamiento de la transición. Su paso al estado activo hace activable al módulo n+1 y desactiva al módulo n-1.

En la siguiente figura se muestra la implementación física de un módulo secuenciador de etapa mediante un biestable RS. A la entrada SET se conecta una puerta Y, y a ella se conecta la salida y receptividad de E (n-1) y T (n-1) respectivamente. A su entrada RESET se conecta la salida de la etapa (n+1).

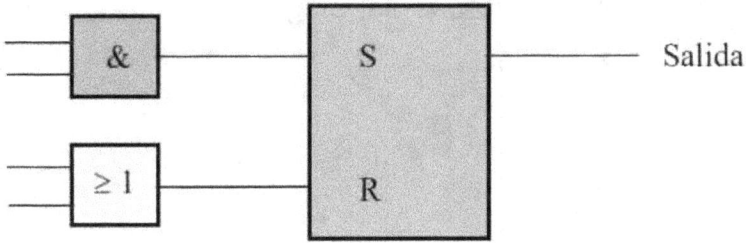

Obtención de las funciones lógicas a partir del diagrama GRAFCET

A partir de cada Etapa de un diagrama GRAFCET, deben obtenerse dos tipos diferentes de funciones lógicas:

* Función lógica de activación / desactivación de la etapa correspondiente.

* Funciones lógicas de activación de las operaciones de mando.

La función lógica de activación / desactivación es única por etapa. Sin embargo, el número de funciones lógicas de operación de mando, depende de la cantidad de acciones asociadas a cada etapa.

Ecuación de activación / desactivación

La ecuación de activación / desactivación asociada a cada una de las etapas del diagrama Grafcet tiene la siguiente expresión:

$$Y = \overline{R}\,(\,S + Y\,)$$

Donde:

  Y es la salida (estado de la etapa)

  R es la condición de desactivación

  S es la condición de activación

La expresión concreta de R y S, dependerá de la estructura básica y lógica del diagrama GRAFCET. En general pueden ser funciones OR y AND donde intervienen las variables representativas de Etapas y Transiciones.

Las condiciones de activación de una etapa En, viene dada por la función lógica:

$$E_n = \overline{E_{n+1}} \left(E_{n-1} \cdot T_{n-1} + E_n \right)$$

$$E_n = E_{n-1} \cdot T_{n-1} + \overline{E_{n+1}} \, E_n$$

En la cual, para una secuencia única de etapas se relaciona la activación de la etapa En, en función de la etapa anterior, la etapa posterior y la receptividad asociada.

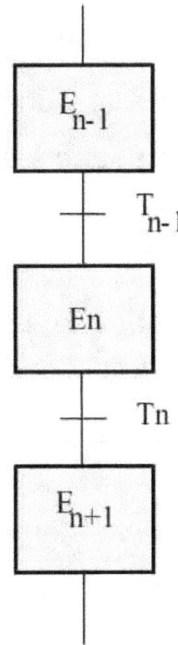

La etapa En se activará, si estando la etapa En-1 activada y la En+1 desactivada se satisface la transición Tn-1. Después permanecerá activada hasta que la En+1 se active.

Ecuaciones de activación de operaciones de mando
El número de ecuaciones de activación de operaciones de mando, depende del número de acciones asociadas a cada etapa (número de variables de salida).

Su expresión dependerá del carácter condicional o incondicional de éstas. Para una mejor comprensión de lo expuesto en los apartados anteriores, veamos un ejemplo.

Ejemplo: Sea el Grafcet de la siguiente figura, donde vamos a proceder a la obtención y clasificación del total de funciones lógicas a generar por el citado diagrama.

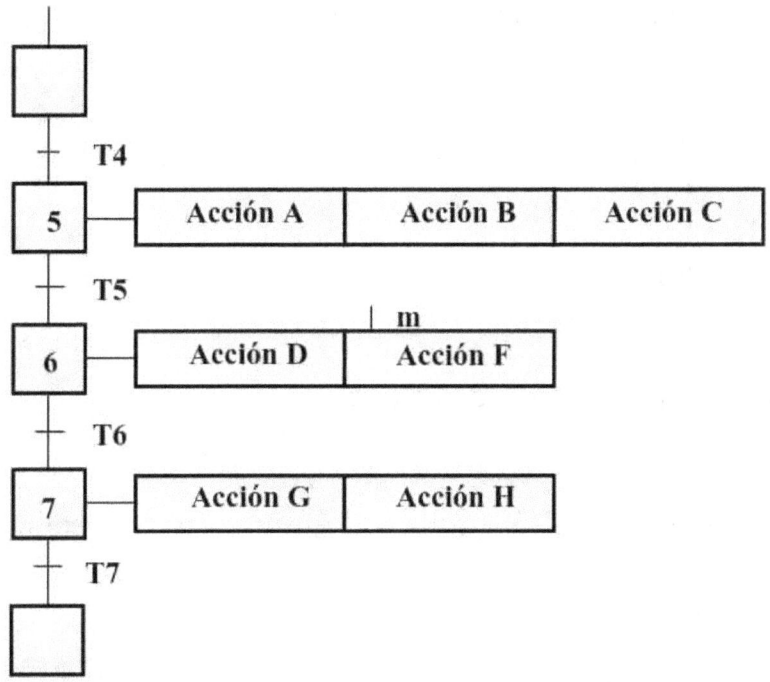

En la etapa n° 5 tenemos 3 acciones asociadas de carácter incondicional representadas por las variables de salida A, B, y C respectivamente.

En la etapa n° 6 tenemos asociadas dos acciones, una incondicional D, y otra de carácter condicional F. En la etapa n° 7 dos acciones asociadas la G y la H.

Por tanto, las funciones lógicas a generar son:

Funciones lógicas de la etapa nº 5:

$$E5 = \overline{E6}\ (\ E4\ .\ T4 + E5\ )\qquad \text{Activación de la etapa}$$
$$A = E5$$
$$B = E5$$
$$C = E5$$

Funciones lógicas de la etapa nº 6:

$$E6 = \overline{E7}\ (\ E5\ .\ T5 + E6\ )\qquad \text{Activación de la etapa}$$
$$D = E6$$
$$F = m\ .\ E6$$

Funciones lógicas de la etapa nº 7:

$$E7 = \overline{E8}\ (\ E6\ .\ T6 + E7\ )\qquad \text{Activación de la etapa}$$
$$G = E7$$
$$H = E7$$

En la siguiente figura se ha realizado la implementación de las ecuaciones lógicas generadas, mediante el lenguaje de programación de diagrama de contactos.

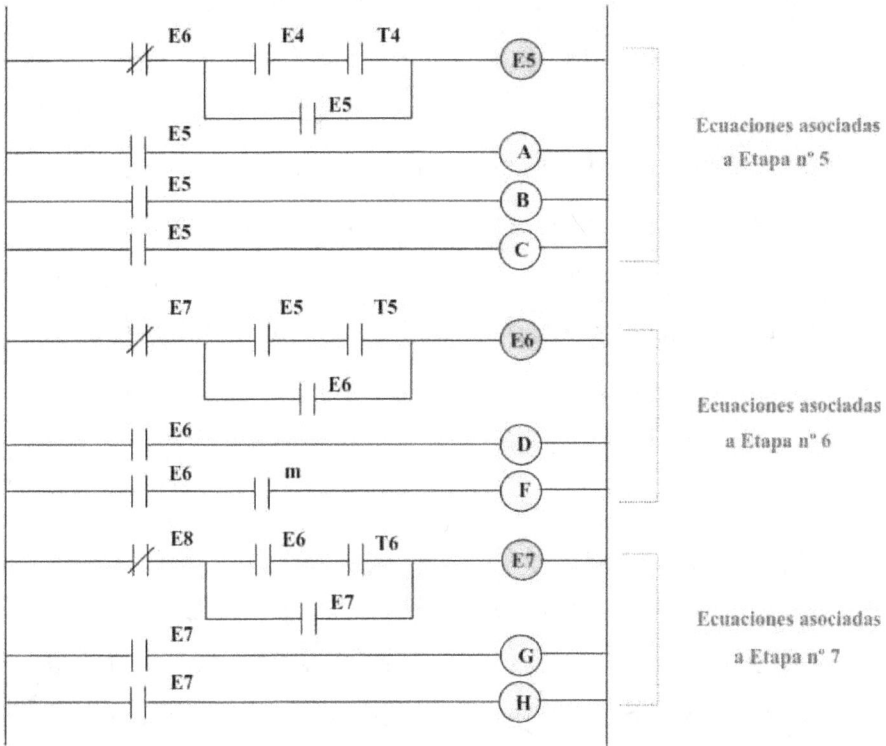

Como se ha podido comprobar la obtención de las funciones lógicas resulta de gran facilidad, si bien su obtención a partir de las distintas estructuras lógicas, bucles, saltos y macroetapas conlleva mayor dificultad, por ello pasamos a detallar su obtención a partir de las estructuras referidas anteriormente.

Funciones lógicas de activación / desactivación y estructuras lógicas

La obtención de las funciones lógicas de activación / desactivación de las etapas, cuando no se trata de una estructura simple de secuencia única, requiere de cierta reflexión teniendo en cuenta la estructuración de las distintas etapas a través de las diversas estructuras lógicas. Seguidamente pasamos a realizar su análisis

Divergencia en OR

La estructura lógica de Divergencia en OR, requiere que en las condiciones de desactivación de la etapa divergente se reflejen las diversas etapas que, alternativamente, pueden producir la desactivación de la primera.

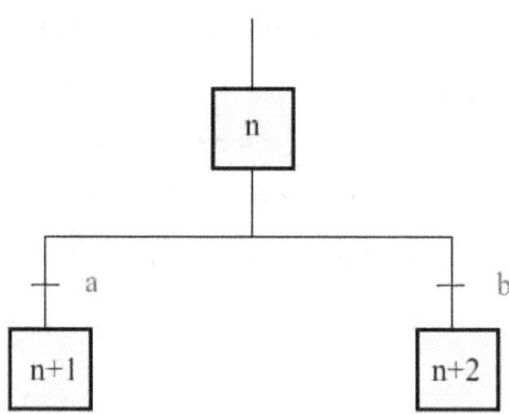

Reset prioritario

$$E_n = \overline{E_{n+1}} \ \overline{E_{n+2}} \ (E_{n-1} \cdot T_{n-1} + E_n)$$

Set prioritario

$$E_n = E_{n-1} \cdot T_{n-1} + E_n \ \overline{E_{n+1}} \ \overline{E_{n+2}}$$

Convergencia en OR

La estructura lógica de Convergencia en OR, en lo que respecta a la etapa de convergencia, su condición de activación debe tener en cuenta las posibles etapas anteriores que alternativamente, pueden provocar la activación de dicha etapa.

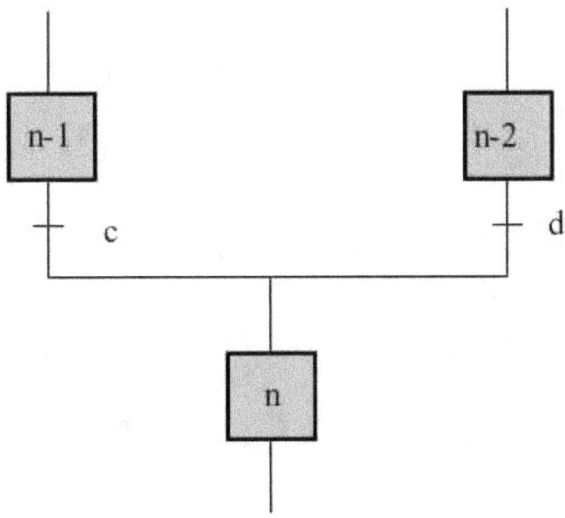

Reset prioritario

$$E_n = \overline{E_{n+1}} \; (E_{n-1} \cdot c + E_{n-2} \cdot d + E_n)$$

Set prioritario

$$E_n = E_{n-1} \cdot c + E_{n-2} \cdot d + E_n \; \overline{E_{n+1}}$$

Divergencia en AND

En una estructura de Divergencia en AND, tendremos que tener en cuenta en la función lógica asociada a la etapa a partir de la cual se produce la divergencia, el número de etapas posteriores que intervienen en su condición de desactivación.

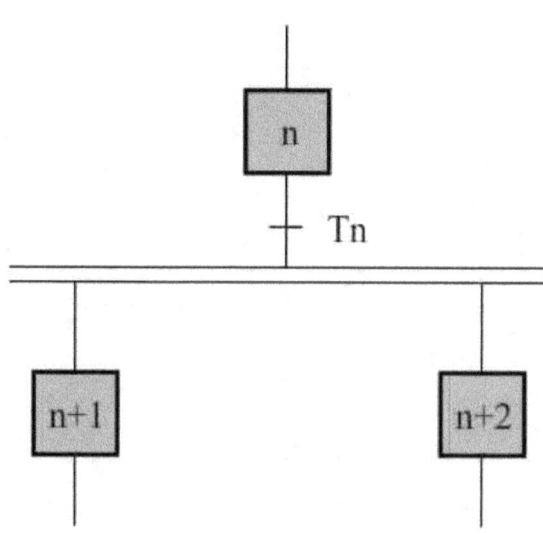

Reset prioritario

$$E_n = \overline{E_{n+1}} \; \overline{E_{n+2}} \; (E_{n-1} \cdot T_{n-1} + E_n)$$

Set prioritario

$$E_n = E_{n-1} \cdot T_{n-1} + \overline{E_{n+1}} \; \overline{E_{n+2}} \; E_n$$

Convergencia en AND

Finalmente, en la estructura de Convergencia en AND, deberá tenerse en cuenta en la etapa de convergencia, en las condiciones de activación de su función lógica, las etapas cuya activación simultánea deberá provocar la activación posterior de dicha etapa.

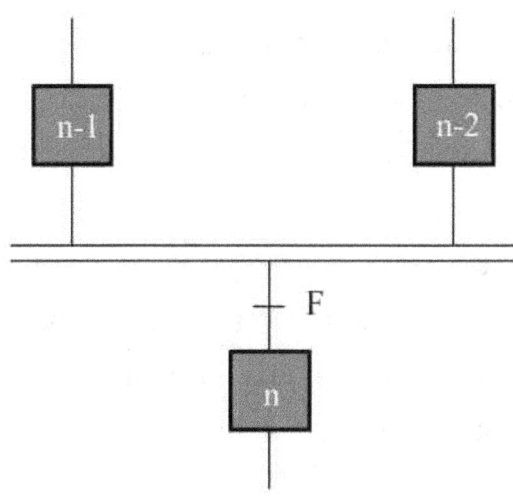

Reset prioritario

$$E_n = \overline{E_n + 1} \; (E_{n-1} \cdot E_{n-2} \cdot F + E_n)$$

Set prioritario

$$E_n = E_{n-1} \cdot E_{n-2} \; F + E_n \; \overline{E_n + 1}$$

Ciclos de ejecución: tipos

Dependiendo de las características de funcionamiento del automatismo, éste requerirá distintas modalidades de ejecución de ciclo.

Por ello atendiendo a diversos criterios los ciclos pueden clasificarse como sigue:

* Marcha ciclo a ciclo
* Marcha automática / Parada de ciclo
* Marcha automática / Marcha ciclo a ciclo
* Marcha de verificación en el orden del ciclo

Marcha ciclo a ciclo

Cada ciclo se ejecuta automáticamente, pero necesita la intervención del operador (arranque de ciclo) para poder ejecutar el ciclo siguiente.

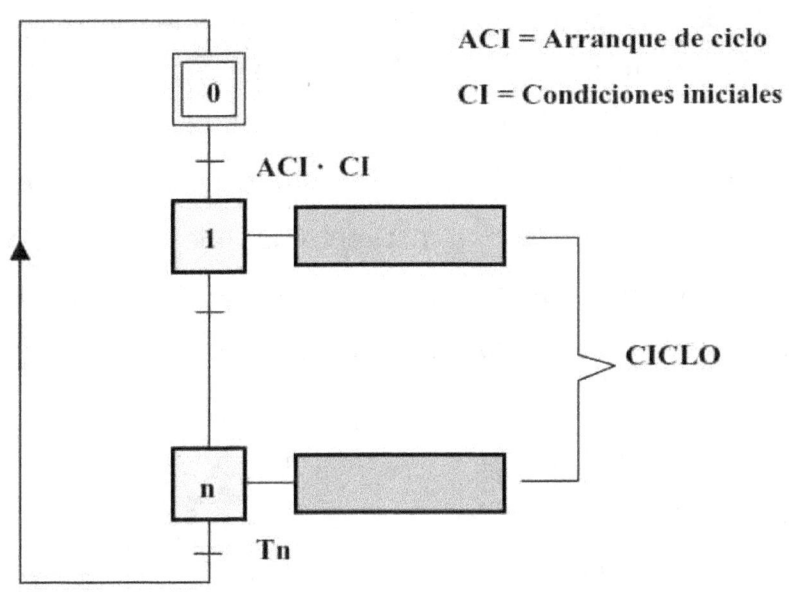

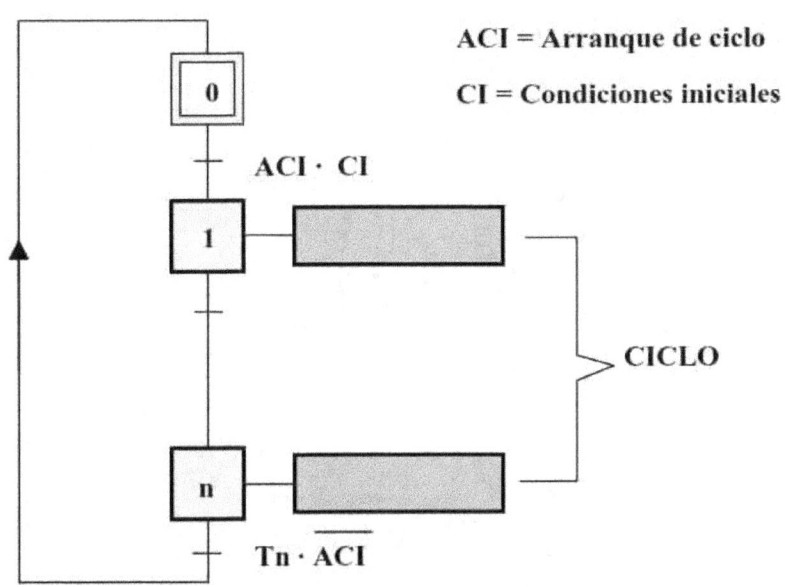

Un accionamiento permanente del arranque de ciclo (ACI) produce la repetición de los ciclos.

En este caso el ciclo se ejecuta una sola vez, aunque el operador mantenga presente la información de arranque. Es necesario accionar de nuevo el arranque de ciclo (ACI) para volver a iniciar el ciclo.

Marcha automática / Parada de ciclo
En esta modalidad, el ciclo se repetirá indefinidamente tras su arranque, hasta que se active una señal de parada tras lo cual, el ciclo en curso acabará su ejecución y se detendrá.

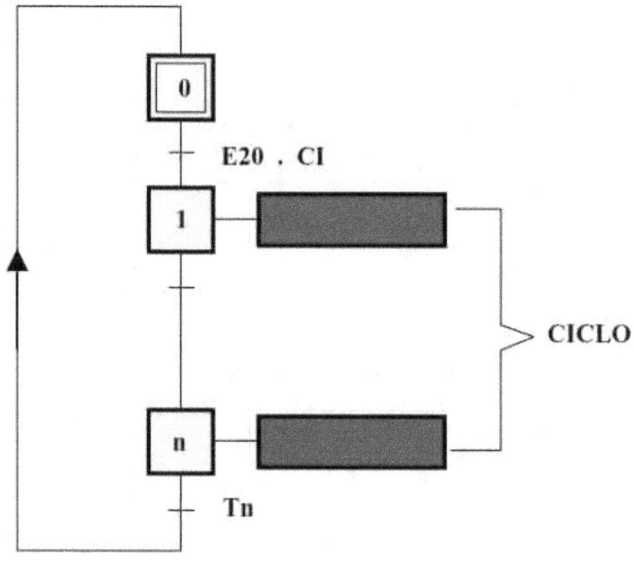

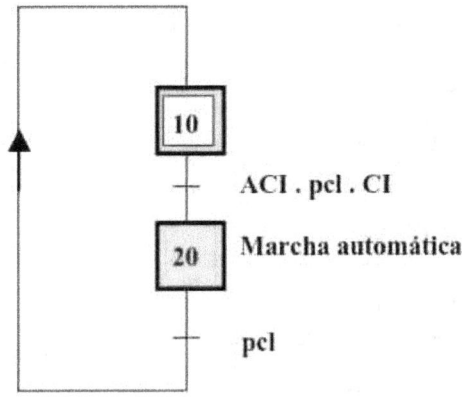

Marcha automática / Marcha ciclo a ciclo

El operador puede elegir por medio de un conmutador entre dos tipos de marcha. El ciclo se inicia por una acción (arranque de ciclo). El posterior bloqueo se ejecuta en función de la posición del conmutador.

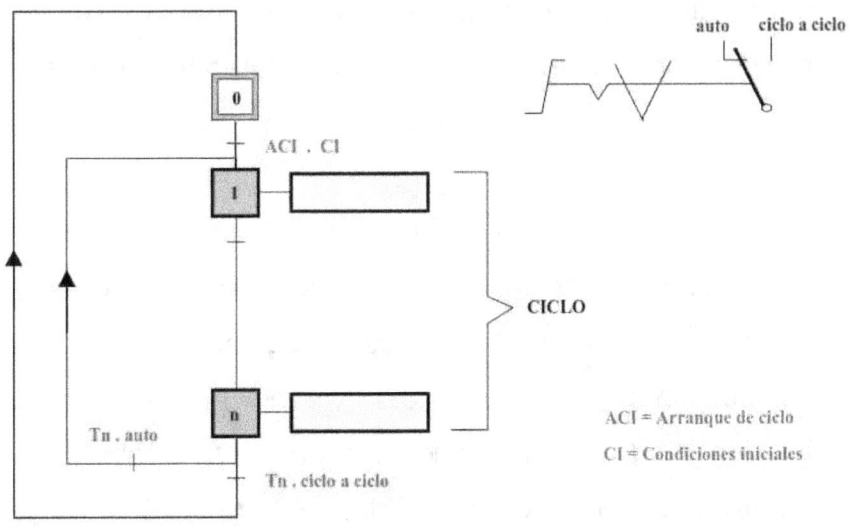

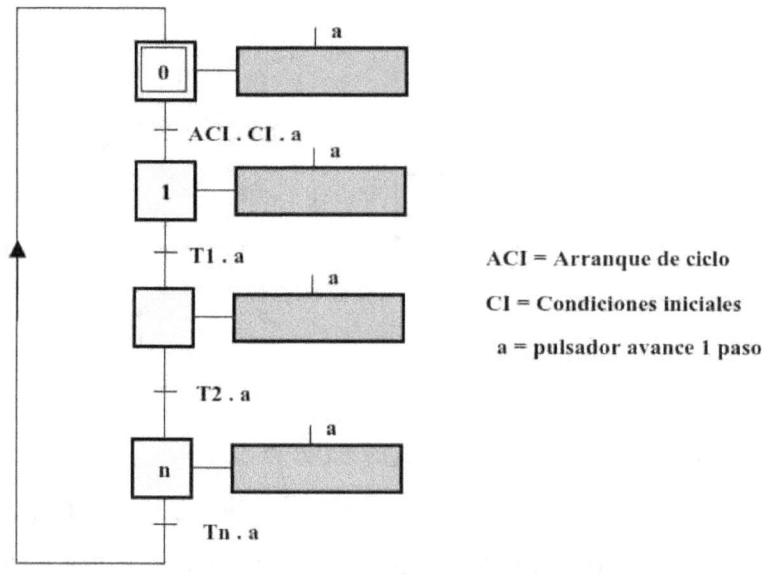

ACI = Arranque de ciclo
CI = Condiciones iniciales
a = pulsador avance 1 paso

Esta disposición tiene el inconveniente de que se hace difícil la manipulación en los movimientos rápidos (posible evolución de varias etapas según el tiempo de pulsado del botón).

Tratamiento de alarmas y emergencias

La tendencia actual en lo que respecta a los dispositivos de control basados en lógica programada, es que una gran parte del cuerpo de programa implementado en el mismo esté dedicado al objetivo de garantizar un buen comportamiento del sistema en el caso de situaciones imprevistas, averías, emergencias etc. Con ello deben asegurarse niveles adecuados de seguridad para los operadores humanos al cargo de los sistemas, cuando no de las propias instalaciones industriales cuya reparación puede suponer la dedicación de grandes recursos económicos.

En lo que respecta al tratamiento de alarmas y situaciones de emergencia, es conveniente su clasificación a partir de criterios de implementación tecnológica de los sistemas a tratar. Por ello las alarmas deben ser clasificadas como:

* Alarmas locales

* Alarmas generales.

Las alarmas locales, sólo afectarán parcialmente al sistema, de forma que su efecto sólo debe repercutir sobre un conjunto delimitado de dispositivos tecnológicos o subsistema en concreto. Por el contrario, las alarmas generales afectarán a la totalidad del sistema y por lo general van a disponer de prioridad frente a las locales anteriormente citadas.

Tanto las alarmas locales como las generales, pueden ser implementadas mediante la colocación de una nueva variable en las condiciones de desactivación de la función lógica activadora / desactivadora de una Etapa.

$$E_n = \overline{Z_p} \cdot \overline{Z_t} \cdot \overline{E_{n+1}} \; (E_{n-1} \cdot T_{n-1} + E_n)$$

Donde Zp representa a una alarma de carácter local y Zt a una alarma de carácter total.

Obviamente la variable representativa de la alarma de carácter total tendrá presencia en la totalidad de las ecuaciones de activación de etapas del diagrama funcional. No así la variable representativa de la alarma local, cuya aparición se restringe a un conjunto determinado de ecuaciones de activación.

Existe otro criterio para el tratamiento de las alarmas. Este consiste en la intervención de las variables representativas de alarmas en las receptividades asociadas a cada transición. Ello permite de forma relativamente fácil, hacer evolucionar el sistema a determinadas situaciones de parada o espera ante situaciones de emergencia. De forma rigurosa, las variables de alarma deberían aparecer en cada una de las etapas del Grafcet, y tener prevista cada una de las situaciones de seguridad en función del tramo en ejecución y de los niveles de seguridad solicitados. Algunos autores, desaconsejan el tratamiento de las paradas de emergencia como una información de entrada más, puesto que argumentan que ello es contrario al propio espíritu de " emergencia ".

La posible formalización del comportamiento de los sistemas frente a situaciones de emergencia se podría sintetizar mediante los siguientes criterios:

· Sin secuencia de emergencia

· Con secuencia de emergencia

Sin secuencia de emergencia

Ante una situación de alarma, el sistema se limita a detener su evolución y suspende las operaciones básicas asociadas a la etapa donde se produce la suspensión. Además, pueden establecerse a partir de este criterio diversas variantes. Dos de ellas serían:

* Congelación del automatismo

* Inhibición de acciones

En la modalidad de congelación del automatismo, la señal de alarma participa en cada una de las receptividades asociadas a las transiciones, de forma que su activación impide la puesta a "1" de la receptividad y también la evolución del sistema. Cuando la señal de alarma desaparece, el sistema puede continuar su evolución a partir de la etapa donde se produjo el paro.

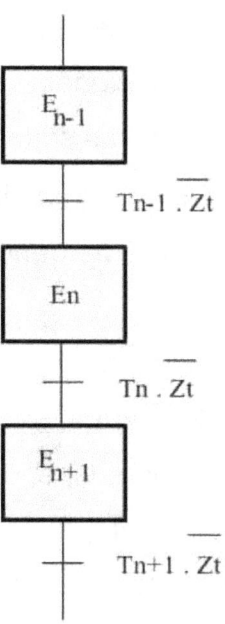

Obsérvese que, en este caso, las acciones asociadas a las etapas pueden permanecer activas, los movimientos iniciados continúan, lo que puede resultar peligroso en sí mismo o por consiguiente bloqueo en la evolución. En la modalidad de inhibición de acciones, aparición de la señal de alarma, no detiene directamente la evolución del automatismo, sino que inhibe a las propias acciones asociadas a las etapas.

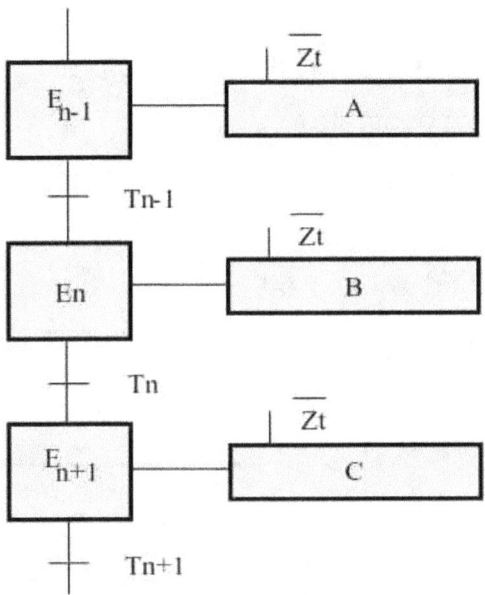

En este caso debe estudiarse detenidamente el gobierno de los accionadores según el tipo de acción deseada en caso de parada de emergencia. Por ejemplo:

Para distribuidores que gobiernan cilindros
* Control monoestable, si se desea retornar a una posición determinada.

* Control biestable, si se desea parar al finalizar el movimiento.

* Distribuidor de tres posiciones, si se desea una detención en ese lugar.

Para contactores que gobiernan motores

* Control monoestable.

* Cableado incorporando dispositivos de seguridad.

También podemos realizar una combinación de ambas opciones.

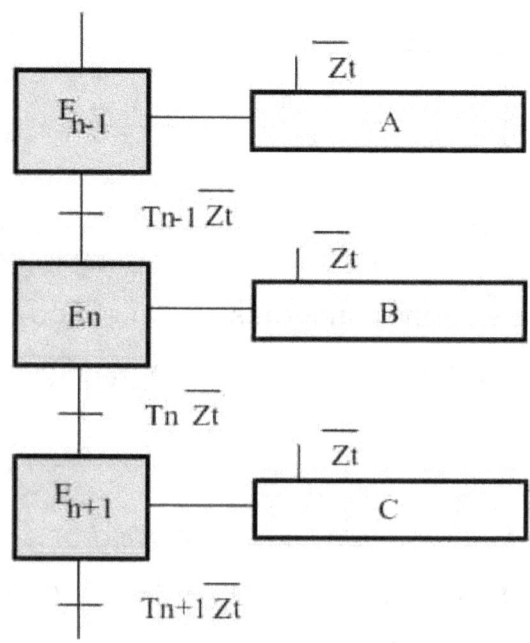

Con secuencia de emergencia

En este caso la evolución del sistema deriva hacia una secuencia de emergencia ante la activación de la señal de alarma prevista de antemano, cuya naturaleza estará lógicamente condicionada por aspectos de implementación tecnológica. En la figura se ofrece un ejemplo de representación de un diagrama Grafcet de esta opción de tratamiento de emergencia.

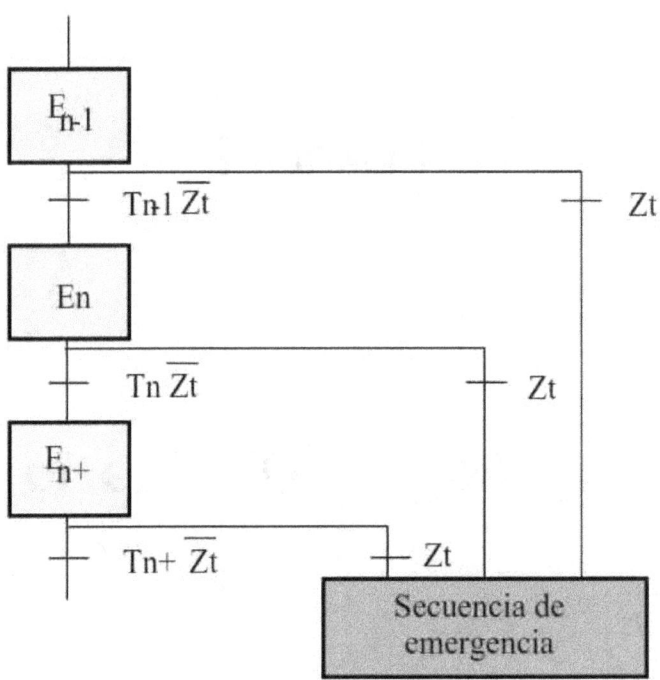

Automatización Industrial
Ingeniería eléctrica
Tecnología, representación y funciones

Tomo 1

Ing. Miguel D'Addario

Primera edición
Comunidad Europea
2018

Índice Tomo 2